图Ⅰ

图Ⅱ

图Ⅲ

图Ⅳ

图Ⅴ[1]

1　图片来源于日文原著。针对这五幅画作的说明见第 149 页。——编者注

荣格心理学入门

[日]河合隼雄 著

[日]河合俊雄 编
李 静 译

東方出版中心

图书在版编目（CIP）数据

荣格心理学入门 / (日) 河合隼雄著；李静译. —
上海：东方出版中心, 2020.6（2025.11重印）
（河合隼雄心灵对话系列）
ISBN 978-7-5473-1650-4

Ⅰ. ①荣… Ⅱ. ①河… ②李… Ⅲ. ①荣格（Jung, Carl Gustav 1875-1961）- 分析心理学 Ⅳ. ①B84-065

中国版本图书馆CIP数据核字（2020）第084935号

上海市版权局著作权合同登记：图字09-2019-492

"SHINRI RYOHO" KOREKUSHON
I: YUNGU SHINRIGAKU NYUMON
by Hayao Kawai, edited by Toshio Kawai
with commentary by Kenichiro Mogi
Originally published in 2009 by Iwanami Shoten, Publishers
Supplemented with "Kokoro no genshogaku" and "Furoito to Adora" from the 1967 edition

This simplified Chinese edition published 2020
by Orient Publishing Center, Shanghai
by arrangement with Iwanami Shoten, Publishers, Tokyo

荣格心理学入门

著　　者　[日] 河合隼雄
编　　者　[日] 河合俊雄
译　　者　李　静
责任编辑　曹雪敏
封面设计　田松大魔王

出版发行　东方出版中心
地　　址　上海市仙霞路345号
邮政编码　200336
电　　话　021-62417400
印 刷 者　上海盛通时代印刷有限公司

开　　本　787mm × 1092mm　1/32
印　　张　10.5
插　　页　1
字　　数　164千字
版　　次　2020年6月第1版
印　　次　2025年11月第8次印刷
定　　价　48.00元

译者的话

这是著述丰厚的河合隼雄先生的第一本著作，但是译者本人的阅读并没有以此为起点。目前，河合隼雄先生的著作在国内出版日渐多样。如大家所知，这些著作均以他丰富的临床心理学的实践经验、思考内容以及对“人”这个物种的厚爱，给予我们启示。当年读过河合隼雄先生一些这样的著作后，译者想系统地了解荣格心理学，开始回头读这本《荣格心理学入门》。

这本书的目的在于系统地介绍荣格心理学体系。河合隼雄先生从瑞士荣格研究所取得荣格派分析师资格后，回日本两年之内成书。尽管这样，也不可误以为这是一本照本宣科的教材。河合隼雄先生从数学专业转行投身临床心理学领域的过程可以参考他本人的著作《给未来的记忆》[1]。他在

1　中文版2016年由东方出版中心出版。

去美国加州大学洛杉矶分校(UCLA)、瑞士荣格研究所深造之前,就已经潜心钻研、实践多年,经过欧美严格的正规化训练更是如虎添翼。早年的处女作,一样有着丰富的人生经历、人生思考作为基石。

举个例子吧。译者翻译的前一本河合隼雄先生的书《情结》[1],是一本逻辑清晰、原理通透地剖析情结的大作。日语原版成书的时间顺序是先《荣格心理学入门》后《情结》。本书中也有一章讲"情结",那么大家理所当然地会想到:比起讲情结的一本专著,时间在先的本书的一个章节应该没有什么超出前者的内容了。但实际上不是,这一章依然有这一章的精彩。译者在翻译过程中更加体会到卷后解说的标题的深意:这是一本"应反复回归的古典"。

1 中文版 2019 年由东方出版中心出版。

如河合隼雄先生所说，本书是学习荣格心理学的一个起点。河合先生在书中还列出了大量的参考文献和说明，为我们进一步的学习给出了阅读指引。希望读者能以此为契机，开启荣格心理学的学习之旅。

初版时河合隼雄先生的序言作为初版前言列于本书。从这个角度我们能够看到几十年来荣格心理学在日本的一些发展状况，这无疑同时也反映出河合隼雄先生对日本心理学领域发展做出的贡献。

如书中所述，荣格心理学的一大特点在于一生中永无止境的自性实现（个性化）过程。人生是一个过程，自性实现也是一个过程。对早已步入中年的译者来说，翻译，不仅能够仔细地重温、检验当年的学习情况，也能获得一次重新思考人生的机会，令我受益匪浅。

这次，东方出版中心给了我翻译《荣格心理学入门》的机会，能够通过自己的工作给中国的读者提供一点方便，我深感荣幸，在此表达衷心的感谢。

李　静

2019 年 5 月 31 日

于上海

初版前言[1]

瑞士精神医学家荣格(Jung, C. G., 1875—1961)与弗洛伊德(Freud, S., 1856—1939)、阿德勒(Adler, A., 1870—1937)齐名,均为对精神分析(psychoanalysis)的发展贡献毕生的伟大人物,其声名在日本也广为人知。而且,最初被荣格赋予特定心理学意义的名词如情结、内向、外向等早已成为街头巷尾人们熟知的词语。但是,荣格心理学的内容却不像相关名词那样家喻户晓,看看现状,我们只能说真正了解的人甚少。在欧洲,荣格心理学不局限于心理学和精神医学领域,而是广泛涉及宗教、艺术相关内容,在专业领域以外也受到社会的普遍重视。这样的心理学在日本还没有得到应有的理解,令人深感遗憾。特别是荣格心理学与东方文化中理解人性

1 此为初版的前言,本书中(岩波书店文库版)的章节做过调整。前言中的内容也做了相应删节。本书正文中的注解,如无特别说明,均为译者注。

的视点有着深层次的联系，想到这一点，不胜感慨。因而，试图以平易的方式把他的心理学介绍给大家，成为写这本《荣格心理学入门》的动机。

荣格心理学(荣格本人自称为分析心理学)至今没有在日本得到足够的认识，这个现实或许有着理所当然的一面。他的著作非常难懂，读者如果没有实地接受过荣格派精神分析的体验，就更加不知所云。在没有实际体验的情况下接触荣格心理学、读他的著作，容易被其宗教的、哲学的外观迷惑，很难想象这些论述怎么能跟人格发展、神经症治疗等联系到一起。因而，心理学家、精神科医生对此多敬而远之。笔者在没有接受心理分析时读荣格的著作，同样也觉得难懂，简直什么都搞不明白。非常幸运的是，笔者在美国留学时的导师克洛普弗博士正好是荣格派的分析师，承蒙厚爱笔者得到了接受分析的实际体验。后来笔者又去了瑞士的荣格研究所，在得到分析师资格之前的四年半期间，接受了教育分析[1]。通过这些经历，笔者对荣格心理学的认识得以深化。今值拙著面世，想起当年具体引导自己走过这段路程的分析师——斯皮格尔曼、弗雷和迈耶三位博士，感激之情不禁再次涌现心头。

昭和四十一年(1966)，笔者在京都大学文学部讲授“分析心理学入门”课程，当时的十三次讲义构成了本书的主要骨骼。当然作为入门书，本书叙述尽可能地简单、清晰。但荣格心理学本身内容广袤，任何一章拿出来都可以独立成书，整体压缩成这样一本小书，勉为其难之处甚多。所以，笔者只能放弃全面讲述荣格心理学这种胆大无谋的想法，采用了笔者通过个人的体验、在自己理解的范围内、用自己的语言来表达的方式。如果有人通过这本书对荣格心理学开始抱有兴趣了，笔者深切希望读者能够以此为起点，继续通过直接研读荣格本人的著作

1 教育分析，指为取得荣格派心理分析师资格而接受的心理分析。

加深理解。这样,本书才算真正完成了“入门书”的使命。

荣格心理学来自治疗神经症患者的现实需求,同一般的实验心理学大相径庭。实验心理学运用客观科学的方法取得了伟大的发展,其意义已经得到广泛的认可。但是,它总归跟一般人期待的“心灵”的学问有着隔阂。我们面对心怀苦恼的人,无法回避属于“心”的问题。无畏“心灵”,甚至无畏“灵魂”,勇敢面对,荣格心理学才得以产生。为“深度理解人”这一目标而创立的“心灵”的学问,理所当然地与宗教、教育、艺术等问题有着深厚的联系。因而,荣格心理学不仅面向心理学家和精神科医生,也同样适合任何对人类的心灵(或者说灵魂)问题抱有浓厚兴趣的人,如教育者、宗教家、艺术家等等。笔者在内心静静地期待着,希望荣格心理学能在不同的人群中得到广泛的阅读。就像我们已经说到的那样,荣格心理学和一般的实验心理学有着完全不同的旨趣。考虑到这一点，我们在第一章讨论了到底该怎么定位荣格心理学，对这一点没兴趣的人略去第一章，从第二章开始，反倒可能使阅读更加容易。读了后边的内容，又想了解荣格心理学定位问题的话，可以再回头重读。

去年在京都大学讲课时，每周一次的课程令笔者感觉负担沉重，为写讲义绞尽脑汁。承蒙各位听讲者的鼓励，总算顺利完成了授课。文学部、教育学部及其他地方来听课的人们，课后跟笔者做过很多交谈。当时的提问、感想以及批判的内容，都成为拙著成书过程的支持与鼓励。特别是畏友牧康夫（大阪府立女子大学副教授），不仅为本书介绍出版社，并且通读本书原稿，给出很多有益的忠告，在此深表感谢之意。

最后请允许我对间接、直接地引导本人写出此书的各位先生表达我的感谢之情：很爽快地接受本人从数学系转行到心理学系的京都大学教育学部的苧阪良二先生，随后一直鼓励我在临床心理学领域从事研究工作的京都大学教育学部的仓石精一、佐藤幸治、下程勇吉等各位先生,在文学部给了我讲授分析心理学机会的园原太郎先生。他们温暖的理解以及总是吹遍京都大学校园的自由学风,使我能够自由地学习心理学,借此机会献上我衷心的谢意。还有前边讲到的荣格研究所三位分析家所代表的先生们,他们在我求学的过程中给予的教导之恩,令我终生难忘。

本书照片转载均分别获得原书许可,详情略。

除此之外,在我写书的过程中还有很多人给了我各种各样的帮助和支持,限于篇幅不能在此一一表达我深切的感谢之意,真诚地盼望拙著的出版能够对各位有所报答。

河合隼雄

1967年9月

前言　学习荣格心理学

人生的选择

1952年从京都大学毕业时，我是下决心一辈子做高中教师的。但是，为了防止自己因为每天陷入千篇一律的重复教学工作中而堕落，我听从某位前辈教师"某种意义上自己一定要保持进步"的忠告，在履行着高中教师的职责的同时，进入京都大学研究生院学习心理学。我心里明白，自己在数学方面已经没有太多进步的可能了，但对于高中老师来说，心理学一定是非常有用的。基于这种想法我做出了上述选择。

如果一生都从事高中教师这个工作，我现在会怎么样呢？会像我立下初心时想的那样，成为全日本最棒的高中老师吗？虽说走到今天，结果有异于原来的志向，但我觉得目前做的工作其实与"高中教师"非常相像。而且我写的所有东西，只要有高中水平的知识应该都能看懂（当然很多内容仅靠知识是难以领会的）。在这个意义上，可以算是贯彻初心，一直做到今天吧。

学习一段时间以后，我发现要想学到自己真正想学的心理学，也就是临床心理学，只能到美国去了。说实话，当时的日本真找不到合适的指导者。

学习心理学伊始，我根本没有本事做心理治疗或者心理咨询，对自己的现状完全没有自信。但我意识到要想成为能够为“人”做事的人，首先要了解“人”，于是开始热衷于罗夏墨迹测验（实际上我现在已经不认为罗夏测验是一种测验手法了）。当时我捧着罗夏测验的权威布鲁诺·克洛普弗教授的书，一字一句不敢放过，以虔诚态度学习的过程中，有一处怎么也搞不明白，就写信向教授提问。没想到教授竟然会给我回信，信中说自己出错了，而且到目前为止没有一个人指出来过。收到回信,我真是又惊又喜。这件事极大地增强了我想去美国留学的念头。

还有一个原因坚定了我去美国的决心。1957 年在京都大学有一个美国研讨会,其中密歇根大学的伯丁教授的讲座,风格明快,而且因为有他本人的实际经验作为基础,讲课内容非常深刻、生动,化解了我心中长期对心理治疗、心理咨询抱有的种种疑问。那时候,我已经开始在做一些心理咨询了,也是因为学生们总会有很多问题来商谈。鉴于这种情况,我不得不开始行动。

要去留学时,我彻底地犹豫了一阵子,到底跟克洛普弗教授还是跟伯丁教授? 我直接受教过伯丁教授,非常了解他的过人之处。而最终选择克洛普弗教授,我想可能最大的决定因素在于他曾对我这样一个未曾谋面的日本无名小卒,给出了非常坦率的意见。当时,我不可能预见到这个选择会引导我走向荣格心理学。

在终于实现了自己的愿望，作为留学生拿到美国的富尔布赖特奖学金到 UCLA 见到克洛普弗教授时，我的心情很是激动。但真没有时间激动，我马上就要面对非常严峻的留学生活。克洛普弗先生工作繁忙，只有在上课的教室里能见到他。想要用我蹩脚的英语在美国的研究生人群中自由地表达意见，实在是太艰难了。这种状况也帮助我彻底打消了自己的日本式幻想，不再期待能得到特殊的照顾。想要得到老师的认可，只有一条路，尽可能地在课堂上发言，除了这个没其他机会吧。当时我好像经常会懊丧："今天课堂上又没表现好。"

心理分析的体验

克洛普弗教授的课实在是太精彩了，超越了讲解罗夏测验等学科内容，充满了对心理治疗、临床心理学整体的洞察和思考。慢慢地我领悟到，先生的课程能达到这样的水平，说明他本人确立的人生观有着深厚的根基，绝对不可撼动，而其背后有着荣格心理学作为强有力的支撑。

一次，我抓紧上课结束后的一点点时间，跟教授说到上边的这些体会，也谈到了自己想学荣格心理学的想法。先生说自己正好要到大学书店去，让我跟他一起走。到了书店，先生给我推荐了弗里达·福德姆的《荣格心理学入门》(Frieda Fordham, *An Introduction to Jung's Psychology*)。拿到书，我马上就开始读了，停不下来，这本书实在太有意思了。“就是这个，这就是我一直在寻找的心理学！”

读着读着，看到一句“要想成为分析家的人，自己也必须接受分析”，我一下子就受到打击：当时的自己从来没想到过还有这回事。想着自己也得去接受分析，反过来又怕为了当分析家，自己的缺点就这么被别人一点一点扒出来。当然还不至于因为这个就放弃，但真是被吓得不轻。有机会跟克洛普弗的助手交谈时，我含含糊糊地说起，自己也接受一下分析会怎么样呢？谁知道几天过后，克洛普弗教授给我打电话："听说你想接受分析？"突然接到教授的电话，我吃惊不已，这时日本人的本性就显露出来，含含糊糊地说了几个"yes""yes"后，什么事情就都定下来了。先生的学生中有位在苏黎世的荣格研究所拿到分析师资格后回到美国的斯皮格尔曼博士，就由他给我做分析了。

缺点暴露了怎么办？尽管忐忑不安，我还是去接受分析了。真见到斯皮格尔曼博士以后，内心的不安立刻烟消云散，自己开始很起劲地讲起过往的经历。当时就很明显地体会到："这个人真是太能听懂别人的话了。"他根本不纠缠什么缺点、优点这些细枝末节，而是全方位地接纳了我作为一个人的完整存在。

但当我听说分析主要是进行“梦的分析”以后，还是大吃一惊。马上表明态度：“梦这么不科学的东西，让人无法相信。”我本来就是因为讨厌日本人的非合理性、模棱两可的习性，倾慕西方的合理主义、坦率才来美国留学的，跟我谈“梦”？真让人受不了！斯皮格尔曼博士听了，说：“但是，你从来都没体验过梦的分析到底是什么就说它非科学，这样下结论本身才是非科学吧。不管怎么说，先做了试试，然后再判断吧。”听了这话，我虽狼狈不堪，但也无以反驳。

下周去分析的日子之前，出乎意料，我做了个不可思议的梦。梦本身像一个完整的故事一样非常有意思，但自己一点也不明白它有什么意义。见了分析家以后，我报告了梦的内容，根据内容不断地联想下去，联想时自己叙述的语言形成了重要的线索。接下来，梦的样式不断变化，逐渐跟自己的关注点重合起来。整个过程就像在做拼图，一块、一块地找到合适的地方，严丝合缝地拼到一起，不断地做下去，一整幅画面就慢慢地浮现出来。机缘巧合的话，“初始梦”(initial dream)经常具有一条完整的走向，回顾总结本人的过去，并展望未来。我呢，当时应该是做了一个典型的初始梦。博士说：“你应该是站在东方和西方中间起到桥梁作用的人，将来会做出非常重要的贡献。”我现在还记得他说的话。

即使慢慢在积累这样的体验，我的“科学信仰”还是坚决不能退缩，一直没停止攻击荣格心理学的“非科学性”，很多分析的时间往往花在讨论上。现在回想一下，真是应该好好地感谢斯皮格尔曼博士，对我那些顽固的抗议，一点都没有显示出厌烦，而是以一副完全接受你的态度的姿态，面对面毫不躲闪地跟我谈下去。有一次他跟我说道：“你对事物所持的怀疑态度，力量非常强大。希望你一生坚持下去，坚持怀疑一切。”这个忠告，现在还活在我的心里。

经克洛普弗和斯皮格尔曼两位先生的推荐，我得到了去荣格研究所留学的机会。不少好心人来劝我：“在美国留学了一年半，镀金的使命已经完成。再到荣格研究所去耽误上三年，没准儿就错失了在日本出人头地的时机。”（当年的欧美留学就是这种感觉吧）但我自己心里明白，节骨眼上，不穷尽力量继续走下去，不大可能成为一个能对他人有意义的人。当时，我对自己的不成熟还是心里有数的。

在瑞士跟从了迈耶先生和弗雷先生，男女各一位。跟从两个分析家，利弊都有。弗雷先生认为，这对我的自我强化有好处。他认为，比起西洋人，我的自我更需要强化。这一点，我现在特别能够理解。在瑞士，我的分析体验得到了更进一步的深化，我不再觉得需要进行浅薄的科学性论争了。但也不能够忽视，荣格派心理分析师中是有一些人比较缺乏合理的思考能力的。还算幸运,我师从的两位分析师都不是这种类型。

学问和人

在荣格研究所学习、积累分析体验的过程中,我渐渐明确地领悟到,荣格心理学中学问和人是不能分割的。这也可以说是我被荣格心理学深深吸引的一个重要原因。离开了荣格这个人,是无法谈论荣格心理学的。埃伦伯格(Henri Ellenberger)在他的名著《发现无意识》(*The Discovery of the Unconscious*)中阐述了自己的观点,即在深层心理学领域,理论和理论的创始者的品格是不可分离的。整本书中都贯穿着这一理念。埃伦伯格认为弗洛伊德的自我分析和荣格的无意识之旅均可称为"创造性疾患"(creative illness),他们在各自理论诞生的核心部分都灌注了各自的"创造性疾患”，这真是卓见。

有关“创造性疾患”的体验，可以参考拙著《荣格的生涯》。荣格正是在承受着达到精神病程度的深度无意识作用，并努力克服其影响的过程中，逐渐形成了自己的心理学体系。

荣格在建立自己的独创性时，并没有草率地对作为先行者的弗洛伊德和阿德勒两人做出孰优孰劣的评价，而是把关注点放在了人的类型的不同之处——外向和内向的区别，加上四种心理机能——用得出来的组合思考每个人的特征。我非常喜欢荣格的心理类型理论，就此思考过不少。

在最初接受分析时，我认为自己属于内向思维型。沿着这条线分析下去，慢慢地发现自己其实是内向直觉型。荣格派心理分析师中，这种类型的人数最多吧。我想荣格应该也是这种类型。一般来说，人们对“直觉”的印象都不大好。我自己有过几次经历,得到了应该说很有价值的直觉,却误以为没有任何根据,丢弃了自己的结论,最后走向失败。人生积累到今天,我现在已经可以对自己的直觉有相当的信任了。我认为,荣格的心理类型理论可以让我们一直不断地有新的发现。

像在心理类型论中能够看到的那样,对于两个对立的思考方法、立场,不去武断地判定哪一个对哪一个错,不彻底地排斥某一方,而是注重双方互相补偿的动态过程,保持看待事物整体的观察方法,这就是荣格思想的特征,也反映了荣格这个人的特征。很难用通常的观点去了解荣格这个人。他的内心世界包容了很多平常人难以让其共存的对立事物,因而构成了他独特的人生。

在荣格研究所留学时,我能接触到荣格直接的弟子。在他们的生动描述中,可以感受到荣格好像还活着似的人格魅力。很多人像是被荣格同化了，好像只能在我的分析师迈耶先生的谈话中感觉到他跟荣格保持着合适的距离。发现这一点，我内心是很高兴的。如果遇到同化现象很严重的人，我生来固有的怀疑癖一定会抬头。我是 1962 年去瑞士留学的，荣格在一年前去世，所以我没有机会直接见到荣格。要说遗憾也是很遗憾的，命运吧。

如果能够跟荣格直接见面的话，那样水平的人物，我其实很有可能产生严重的同化倾向，没准儿那以后人生的展开模式也会有些不同。前边提到过，可以说我成为荣格派心理分析师的过程有很多机缘巧合，但整体的走向还是有着一定的必然性。没能直接见到荣格，算是其中之一。

荣格心理学的特征

可以说，荣格心理学是荣格的人生和心理学叠加起来的结果。我现在讲述荣格的事情时，混进了我本人的情况，叙述显得比较奇怪了。但这也是无法避免的事情。我们甚至可以说，每一个人都在构筑“自己独特的”荣格心理学。荣格心理学的根本在于“个性化”(individuation)。照此推理，在荣格理论的框架内亦步亦趋的，应该不属于荣格派。按我个人的理解，荣格心理学特征的最重要部分就是：不把一种坚固的理论体系当作真理提示给人们，而是让人们不断探寻内心世界以及人生的根本姿态。简单说来就是，不仅仅看到人的意识的部分，还要尽最大的可能尊重人的整体存在，并尽最大的可能接纳由此而产生的一切。

就像弗洛伊德总是纠结于自己和父亲的关系一样，荣格则更多地感受到母亲的存在。并不是说由此就能得出什么结论，但在西方近代基督教强调父性原理的大背景下，像荣格这样思考母性原理的人非常罕见。前边提到的“整体性”

“整体存在”都和这一点有着密切的联系。

父性原理具有“斩断”的功能。由西方近代强调的父性原理产生了近代科学和个人主义。在这个原理的支配下，独立于“他人”的“自我确立”是人生极其重要的目标。在强调“自我=意识”的大背景下，弗洛伊德提出了无意识的重要性，可以说是革命性的创新。他想方设法将无意识纳入自我的控制范围内，依据父性原理构筑了他独创的心理学。

荣格的关注点在于母性原理，试图看到超越自我的人的整体。或者这么说更合适吧：他所体验到的幻觉等等难以被自我所控制，所以他不得不把心灵的整体当作思考的对象。这样，他不可避免地遭遇到一个重要的概念——意象。有关意象概念，可以在“意象与象征”一章中找到。

正文中引用了荣格的话：“理念的特征在于其明确性，原始意象的特征在于其生命力。”如果我们要看到人的心灵整体,就必须依赖意象。意象告诉我们的事情非常生动,但会缺乏表达的明确性。我记得自己跟斯皮格尔曼博士“争论”的时候,曾说过“荣格派里阴阳怪气的人太多了”这种话。现在可能怀疑荣格派的人依然不少吧,某种意义上这也是没办法的,每个人本身就是一个值得怀疑的存在。只是,我们对这个“某种意义”到底是什么、“自己令人怀疑的程度”到底有多少,要有一个清醒的认识。

荣格心理学还有一个特征,看待事物时,不仅按时序观察以了解其因果关系,还采用“共时性”(synchronicity)的观念力图解读事物整体的布局。我在美国留学学习到共时性的概念时,就在想,这不局限于荣格心理学,对于今后思考科学整体的问题,也一定会起到重要的作用。只是,现在这个概念遭到了很多误解,招致不少无谓的攻击。所以正文中只是简单地解释了一下。往后,如果这个概念能够得到广泛的认可，我还会发表一些自己的思考内容。

众所周知，弗洛伊德以“性心理学”来观察人的心理发展阶段，设定了人到成年的成长阶段。而荣格更关注人过了中年以后的人生，把“死亡”也包含进自己的心理学范围内。像我本人这样幼年就开始持续思考“死”的人，在这一点也能感受到荣格心理学的魅力。因而，荣格心理学跟宗教的关联性就比较强。这一点非常重要，但考虑到自己能力的局限性，正文中没有展开讨论。期待日后能有机会慢慢探讨。

为了深入理解荣格心理学，我痛切感觉到了解基督教的重要性。如果自己对基督教没有任何认识的话，想要按照荣格所说去理解荣格，极端困难。不是基督教徒的我，时刻能够感受到厚厚墙壁的存在。我们说过，荣格心理学在追寻每一个人的人生根本姿态。基于这种思想，我认为自己属于“荣格派”，而且是在“按照自己的理解”讲述“荣格心理学”。

我不能奢望更多了，事情只能这样吧。

最后，我们再来说一下荣格非常重视的“自性”(Self, Selbst)。不是基督教徒的日本人喜欢上荣格学说的时候，一般会在荣格的“自性”概念上产生共鸣。我本人正是这样，正文中曾讲到一些与此有关的内容。但在后来比较长期的体验过程中，我感觉到有必要更加严密地探讨“自性”。关于这一点，我以后会另行起稿来专门讨论荣格的“自性”概念(可参考《心理治疗之路》和《荣格心理学与佛教》——原书编者注)。

目　录

Contents

第一章

心理现象学

心理学这个词汇所包含的领域分支时常超出我们的预想。不仅在不同的领域存在着各种各样的心理学，即使在相同领域，因为观点、方法论的不同也时常会产生出不同的心理学。我们下边要讲到的分析心理学(Analytical Psychology)是由瑞士精神医学家荣格所创立，其观点跟一般心理学相当不同，因此我们一开始就把这个问题说清楚比较好。所以这一章，我们的主要意图在于搞清楚：分析心理学的对象是什么？其体系是站在什么样的立场上构架起来的？想要强调的要点在哪里？

1. 心理治疗师的作用

首先,我们想强调的是分析心理学与心理治疗有着密切的联系(可能有人对称“分析心理学”为心理学本身就持反对意见)。当我们的面前站着一位有心理疾患的人,分析心理学是一种思考如何去帮助他的心理学。也就是说,分析心理学并不以精密、明确的理论体系为骄傲,而是首先致力于探求在实际治疗现场更有效果的方法。就像修车的人必须了解汽车的工作原理,给人们看病的医生必须了解人的身体一样,我们这些心理治疗师——荣格倾向于称为“心灵的医生”(Seelenarzt)——则必须了解人类的心灵。荣格心理学就是构筑给予我们这种知识的心理学。

仅仅看到这里,读者可能就有很多疑问涌上心头。比如说,心灵真的存在吗?关于心灵的知识到底是指什么?心理疾病能治好吗?治疗心理疾病与治疗身体疾病的方法一样吗?我们不着急马上就扑上去解决这些难度很大的问题,先来看看心理治疗的现场究竟在发生些什么事情。

接受心理治疗的来访者,首先说出来的应该是自己的症状、苦恼等等。把这些都说出来了以后,可以说毫无例外地都会问:“先生,我到底该怎么办才好呀?”面对这样的问题,治疗师保持沉默——真实情况或许是什么都说不出来。接下来,疑问又会出来:“事情到底怎么会变得这么糟糕呢?”这个疑问来自一种逻辑推理:自己的困境一定是有原因的,找到原因,除去产生问题的原因,自己的烦恼也就解决了。思考过程实在是逻辑清晰、简单明了。基于这种想法,来访者把折磨自己的苦恼说给“有名的老师”“心理学专家”听,以为请教一下专家到底是什么原因,然后就可以解决问题。抱着类似期待来访的人很多。暂且搁置一下这种简单明了的想法在心理治疗方面的有效性,我们先来想想,在治疗现场人们时不时地发出的“为什么?”“怎么会?”,这些疑问究竟意味着什么?

一位女性马上就要举行婚礼的时候,最爱的人因为交通事故去世。这个人一定也会问“为什么?”。“为什么他会死了?”面对这样的疑问,医生可能会解释“因为头部外伤”等等,回答完全没有毛病。可是这位女性能够从回答中得到慰藉吗?为什么一个医学上很正确的回答没办法满足人的需求呢?因为,这类回答无意中把一个“为什么”(Why)的问题转换为“如何”(How),所以答非所问。医生只不过在回答:“How did he died?”(他是怎么死的?)这不禁令我想起亥姆霍兹[1]的名言:“物理学不是为什么的学问,而是如何的学问。”为什么会下雨?为什么会刮风?不要企图去思辨这些,而要精确地记述雨是怎么下来的、风是怎么刮起来的等现象,基于这种态度,近代物理学得到发展。说得极端

1 亥姆霍兹:Hermann Ludwig Ferdinand von Helmholtz,1821—1894,德国生理学家、物理学家。

一点，正是依赖于把“Why”转换为“How”，自然科学才取得了今日的辉煌成就。继而，科学文明带来了原子弹这样的强力武器。只是，这么辉煌的成就，面对患者的“他为什么死掉了”的朴素的“为什么”时，却给不出任何有用的回答。现实世界中，心理治疗师就义不容辞地站在了“为什么”这个难题面前。就算是无法对“为什么”给出直接的答案，面对着在“为什么”的路上苦苦追寻的某一位悲伤生灵，治疗师陪同在身边的姿态却绝不会松懈。仅从这一点来看我们不得不预感到，当心理治疗师面对人类心灵苦境时，仅仅具有纯粹自然科学性质的心理学，是难以担当重任的。

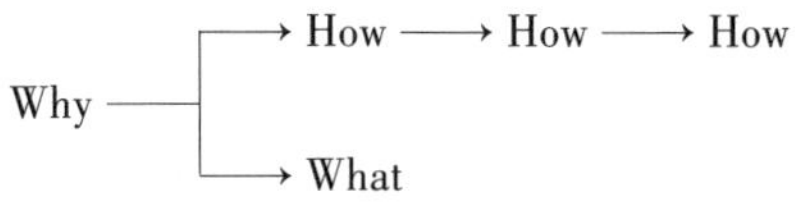

图 1

那么，现实中无法满足于“How”的解答的人，会转换自己的思路，把“Why”置换成“What”。比如说刚才的例子当中，在“为什么死掉了”的疑问得不到满意的解答时，很多人会转换思路，进而去思考：“死，究竟是什么？”但是，“把我们这样深爱的人分开的死，究竟是什么？”这个问题，治疗师依然是很难给出令人信服的回答的。这时候，我们可以说“问题已经超出了我所能及的范围，请到宗教家或者哲学家那里寻求解答”吗？或许存在这样的做法，但现实中经常还是在不知道解答究竟是什么的情况下不得不继续治疗下去。

或者说,治疗师通常会抱有一种希望继续下去的意愿。心理治疗师就是这么不断负重前行的一类人。可是,“What”也是不能轻易找到答案的难题,我们把目光先转换到“How”去看看。

当小孩子问母亲:“树叶为什么会摇晃呢?”妈妈可能回答:“因为在刮风呀。”这时候经常会有孩子打破砂锅问到底:“为什么会刮风呢?”一直这么问下去,可以想到“为什么”的链条会无限地持续下去,没有尽头。对任何一个答案,都可以继续问“为什么”,而母亲则继续把问题转化为“How”。现实中,可以在适当的时机切断永续无尽的“How”的链条,这个事实教会了我们去注意看上去像是知识性的问题深处存在的情绪变动。也就是说,我们可以想到,当孩子在发问“树叶为什么会晃动?”的时候,疑问并不局限于知识层面,背后有着一种惊奇和某种内心感情的高扬。在母亲一步一步的回答中,孩子的情绪得以平静,慢慢回到平衡状态,从而心理得到满足。这么看来,“Why”的疑问,同时包含了知识面和情绪面的内容,在构建“刮风引起树叶晃动”的知识体系的同时,伴随着情绪的高扬和回归平静的过程。一度达到平衡状态后,依然会有新的“为什么”发生,带来知识体系的不断扩大。

这么看来,总是让人类苦恼的“为什么”,自夏娃吃了禁果——也就是人类有了意识(consciousness)——以来,成为人类构筑意识体系的一个力矩。靠着这个力矩,我们附着在某一种事象上的情绪高扬归于平静,在保持平衡的同时,新的内容被整合进自己的意识体系。这些,我们只要看看不知道在适当的时机切断“How”的链条的人怎么惹怒别人,就可以明白。比如说,听到因为刮风所以树叶晃动的回答以后,孩子继续问:“为什么会刮风?”妈妈火上来了:“烦死了!”结果孩子被妈妈训斥一顿。也就是说,新的提问打破了刚刚获得的平衡,妈妈忍不住发火就是在拒绝能够预想到的威胁平衡状态的局面。我们领悟到“How”背后的情感波动的因素,自然就会想到同样的思考能不能适用于“What”呢?对于患者的“死究竟是什么?”的疑问,治疗师同样也给不出直接的答案。我们把注意力从问题本身移开,专注于背后的情感波动。也就是说,面对因爱人的突然死亡而感情激烈起伏的患者,我们应致力于陪同患者共同走过恢复平衡状态的过程。这或许是一种通向解决问题的道路。没有宗教的、哲学的答案,也能够伴同患者走上通往解决问题的道路。作为心理学家,不应去追求哲学意义的“死究竟是什么?”在“死究竟是什么”的问题背后,情感如何激昂、通过什么样的过程能够达到新的平衡,这些心理现象才是我们需要面对的课题,是我们应该追求的目标。而且,这样的认知在心理治疗现场是有着实际意义的。当然,这并不意味着心理治疗师不需要了解宗教性,以及哲学性的关于死的知识和观点,但确实不能指望这些知识和观点能直接对心理治疗现场有实际的帮助。我们面前有一个人，面对“死”苦不堪言，在挣扎、在思索，这时候他最需要的是绝不松懈地陪同他走下去的姿态，即在如何从现在的局面引导向新的平衡点的心理学知识的框架中实施心理治疗。当患者迫于选择 A 或者 B 时，即使我们自己也无法给出任何知识性的解答，但坚持与患者共同体验其苦恼，并在此过程中，让患者自己找到超越 A 和 B 的解决方法，促进其动荡的情感归于更高层次的平衡，这就是心理治疗的过程。

最初我们就说到，面对患者发出的“Why”的哀号时，不随意地把它置换成“How”，而是勇敢站在赤裸裸的“Why”面前，所谓心理治疗师，就是这样一种人。综合上边讨论的内容，可以说心理治疗师虽然不能直接对“Why”给出答案，但尽量扩展视野，也就是说把视线扩展到背后的情绪变动的波澜，就能够看到不同维度的“How”。以人类心灵动态知识为基础，沿着患者编织出的“Why”的锁链，与患者携手共进，到达更高维度的平衡状态。这样我们就能逃脱“Why”的桎梏，找到通向“How”的路径，继而采用与物理学类似的自然科学手法找到建立心理学体系之路。实际上，在这个过程中，扩展视野的行为不就意味着一脚踏进了广袤无边的危险地带吗？前边说到，我们需要执行的问题背后存在着捉摸不定的情绪动态。时至今日，背后的这个存在一直是难以对付的领域，踏进去一步，内心都不由充满畏惧。因扩大视野而引发的问题，我们在下一节里详尽讨论。

2. 心理现象学

前一节讲到,心理治疗师即“扩大视野”观察事象的人。但是我们把视野扩展到知识体系背后的情感波澜,这个行为究竟意味着什么?面对一个活生生的人,她在讲述着爱人的突然死亡,我们敞开心扉、静心倾听,治疗师顺应着对方的语言、表情和两人之间流动着的情感互动,感觉到自己的内心也开始激昂、不安、恐慌……这早已超出了观察事象的范围,不得不说治疗师在以自己的方式体验事象。治疗师一边体验着事象,一边观察着,而患者也能观察到治疗师的态度、内心的波动,体验到因此而诱发出的自己内心新的活动。表面看上去,只是一个人在诉说烦恼,另一个人在听着;或者一个人在烦恼,另一个人在观察。实际上,这种人际关系的主体和客体微妙地交叉混合在一起,构建起一个无止境的动态场。这种现象看上去简单,实际上实现非常困难,需要治疗者充分地敞开心扉倾听患者的叙述,并不是什么情况下都能达到期待的效果。但有一点非常明确,正因为想要把握内心现象的治疗师自己也有着自我的内心世界,才会产生如此复杂的现象。当我们想把握一种现象时,如果自己也不得不成为“现象的一部分”,那么作为局外人的观察就不可能成立。我们为追求“How”的方法而将视野扩展到把自己也包含进去以后,就不可能与观察苹果落下来的牛顿持有同样的立场。这时候我们更像是手提白刃站在敌人面前的剑士，对方和自己的任何动静都有着微妙的牵连，瞬息万变中甚至潜藏着失去生命的危险。我们就是在这样的场景中求生存。

最初，我们仅仅以“扩展视野”为出发点，接着引起了主体的参与、主体和客体的错综变换等重大后果。结果，就无法把心理治疗视同立足于客观性的科学观察。试图努力遵从客观科学框架的人，走到充满危险的这一步可能就会放弃。但是，只要以“在心理治疗现场有实际作用的心理学”为目标，就不得不挺身踏入这个危险领域。所以，本书的开头我们就讲清楚：“分析心理学并不以精密、明确的理论体系为骄傲，而是首先致力于探求在实际治疗现场更有效果的方法。”因而，需要强调的是，我们这里要讲的学问与历来站在客观立场的科学生而相异。针对这种状况，浮现出了现象学（phenomenology）这个词汇。

在解释什么是现象学之前，我们先来思考一下“扩展视野”带来的另一个问题。具有主体性参与的“扩展视野”，渐渐会遭遇到很多我们的意识体系、因果律等等观念无法接受的场面。

几年前，治疗一个尿床症的小学生时，我采用了游戏疗法。和孩子一起玩的过程中，孩子对坏了的玩具和洗衣机等发生了兴趣，开始修理这些东西。经过几次治疗的过程，洗衣机能够顺畅地排水了，很巧合，这时候孩子的尿床症也完全治愈。

要把这种现象整合进“How”的模式中,或者找出其中的因果关系,实在是件很困难的事情。我们能说“因为修好了洗衣机的排水功能,所以不尿床了”吗?从这里短路地推导出一套“洗衣机式尿床症治疗法”,显然是荒诞无稽的。反过来单纯地把它作为一种“偶然”,从此弃之不顾,倒是最轻松的做法。但是,把一个现象简单粗暴地归结为“偶然”,则完全与“视野扩展”的原则背道而驰。说它偶然也罢,付诸一笑也罢,事实就在那里存在着,不可动摇。

还有,我们在心理治疗现场了解过很多可以称为“预知梦”的体验(有关梦,第七章会有详细论述)。预知梦,指梦中出现了今后会发生(或者几乎同时发生)的事情。比如说梦到伯父之死,醒来后就收到通报伯父去世的电报。对这样的现象,一般有两种态度。一种认为不过是毫无意义的巧合,毫不在意;还有一种,被这种现象感动,开始相信“梦的预告”,或者进一步用精神电流等等念头企图对现象做出“科学的”解释。我们前一节说到过,人在遇到未知事项时,会努力试图把它整合进自己已有的意识体系。无论如何努力也无法嵌入时,人们就会把它逐出意识体系之外,常用的手法有忘却、无视。碰到对自己不利的事情,人们是如何忘掉它的,这些手法经常巧妙得令人吃惊。不例外,人们对“预知梦”也有着同样的态度,要么把它作为目前为止的因果律等合理的思维范畴无法接受的内容,嗤之以鼻;要么虽不排斥,但为了把新事象整合进自己原有的意识体系中,不借构筑起伪科学。这种思维方法的谬误之处稍有些逻辑思维就能够判断,比如说精神电流的假说。世上存在很多梦见伯父死去可伯父活得好好的例子,无法用这么简单的概念来说明。与模棱两可、含糊不清的伪科学划清界限,非常重要。但是因此完全否定"预知梦"现象的意义,也是不可取的。

在这里没能举出很多实例,但可以说要把上述现象整合进我们的"How"模式是非常困难的。现实的结果是,现代有不少具有客观科学性质的心理学学派,对这些现象视而不见,以保持自身的科学性。这种状况也和罗素[1]对物理学的观点相似:"物理学并不是因为我们熟知物理世界而呈现数学性质,反倒是因为我们对物理世界毫无所知才具有数学性质。我们能够发现的仅限于其数学性质而已。"(1)在这里,我丝毫没有贬低具有客观科学性质的心理学的企图,内心反倒是非常认可这种心理学的价值。问题在于,我们面对在心理治疗现场遭遇到的种种现实,仅仅依赖保持着客观科学性的心理学会常常陷于困境、束手无策。像罗素指出的那样,客观科学性能够成立的前提在于限定一个适当的领域。就像刚才说到的情形,我们不能让观察者的主体与事象发生关联,需要把用因果律无法解释的事象统统

1 伯兰特·罗素:Bertrand Russell,1872—1970,英国哲学家、数学家、逻辑学家、文学家,1950 年获诺贝尔文学奖。

排除在对象之外，才能够维持心理学作为自然科学的科学性。但事实上，我们是否在“扩展视野”的同时又意图保持科学性？既要限定涉足的对象领域，同时又想去扩展它？我们日常的困难就存在于这些纠葛当中。

那么，当对某件事情无法给出科学的说明，但同时又需要得到解释时，我们就可以说人有精神和灵验吗？现实中，好像人们更喜欢将人类的感情、思维等等归结于荷尔蒙、脑髓的功能，试图在科学地研究这些课题的同时回答伴随着的心理问题。比起“以一切归属为上帝的意志为出发点，一直解释到物质”，显然“从物质开始论说一直延伸到上帝”的思维方式更符合现在的时代精神。但是，时代精神到底又是什么呢？战时以战斗为第一道义，现在为了和平做什么都行。为了和平，可以实施任何杀戮，这样的动漫充斥着电视屏幕，我们不正在为这样的主人公拍手喝彩吗？对于时代精神，荣格说到，时代精神“是与理性没有任何关系的信条，却成为所有真理的绝对基准，总是被认为与良知为伍而碾压一切。时代精神以这种不愉快的事实为特征”(2)。荣格强调，不要沦为一个搭时代精神顺风车的人，而要做一个尽可能尊重事实的科学家。对精神和物质究竟该如何取舍？荣格给了我们如下的回答(3)：

作为解答这个问题的尝试，我是这么思考的。自然和精神(nature and spirit)的纠葛，正是心灵存在中悖

> 论的反映。正因为我们对心灵的存在一无所知,它才对我们呈现出相互矛盾的精神面和物质面。对自己根本没有完全掌握的事象,我们试图以人的理解能力发言。只要我们还是诚实的,就不能厌弃由此带来的矛盾。

论述中展现的不是简单地对物质或是精神的取舍,而是努力去接受充满矛盾的心理现实的姿态。产生这样的矛盾,正如我们在这一节开头时说的那样,来自“主体的参与”。也就是说意欲把握“心理现象”的我们同样有着“心灵”,可以认为正是这个事实带来了根本的矛盾。荣格说道,在充满了难以把握的矛盾的领域里,我们能够依靠的现实只有“心理现实”(psychic reality)。我们用荣格举的一个例子来具体说明一下心理现象[4]。比如玛利亚的处女怀胎。欧洲是合理主义的代表,日本人非常崇拜欧洲,但对日本人来说非常不可思议的是,合理主义的欧洲人竟然世世代代相信处女怀胎!作为心理学家,我们并不去讨论处女怀胎的非科学性,反过来也不力图去科学性地证明其存在的可能性。作为存在事实,我们不认可处女怀胎,但努力思考存在处女怀胎思想的意义,并将这种思想当作心理现象来讨论。众多人共同信仰处女怀胎,而把这个现象当作一种心理现象追求其意义,就是我们所要采取的态度。在这方面,荣格遭到了不少很表面的误解,好像他相信存在着处女怀胎、炼金术等事实一样。荣格绝对没有把这些当作事实去相信,他所关注的是人们信仰这些或者试图信仰这些的心理现实。这一点我们需要强调一下。就算荣格不是一个合理主义者,但他也绝对不是一个非合理主义者。

上面从心理治疗师追求解决实际问题出发,延伸到"扩展视野",引出了"主体的参与"这个重大的问题,通过主体参与把握到的心理现象、心理现实,得出用普通的因果律难以理解,难点丛生。这种逼近现象的方法与客观科学大相径庭,我们抽取此特点,将其称为"现象学"。关于现象学的概观以及笔者的一些思考,将在下一节讨论。

3. 现象学概观

笔者早期就试图采用现象学的逼近法，作为临床心理学领域的方法论[5]。近来，日本很多临床心理学家渐渐对这个方法显示出兴趣，真让人高兴。但是，简单地说现象学这个词，每个学者可能都有自己不同的解释，我们首先厘清一些相关事项。

提到现象学，我们脑海里首先浮现的是雅斯贝尔斯[1]的名字吧。面对客观事实，根据患者内部的主观体验，描绘出在意识当中存留、发生的事项，他命名该手法为现象学[6]。用刚才讨论的模式来叙述的话，可以陈述为：在将观察的目光转向内心世界的同时，将"Why"转换成"What"。参考前一节的内容，我们知道只要考虑到"主体的参与"，仅仅一个"现象的记述"就变得相当复杂，不可能是单纯地记述外部事象，记述下来的只能是通过自己的主体干预以后的事象。针对这个问题，雅斯贝尔斯主张尽可能排除观察者的参与程度，贯彻纯粹记述的原则。因此他的记述非常明晰，也正因为如此，他的方法阻塞了与患者接近的道路，使得心理治疗变得几无可能。确实，他对弗洛伊德的批判非常尖锐，自己的记述也非常明晰易懂，但我们不得不遗憾地看到，从他

---

1 雅斯贝尔斯：Karl Theodor Jaspers，1883—1969，德国存在主义哲学家、精神科医生。

的方法中并没有产生出心理治疗的可能性。

那么,相对于雅斯贝尔斯的现象学,在主体参与方面应该还存在着稍有不同的现象学吧。实际上,现象学家,各自都有着不同的地方。下边我们稍微详细地讲述一下。

我们可以认为重视现象学逼近法的人们有一个共同点,就是对个人的内心世界、主观世界的尊重。

弗洛伊德开创的精神分析(可参照下一章的相关内容)来自临床现场的需要。以患者具体人格形象得到的现象学事实(phenomenological facts)为出发点,渐渐逼近并结合生物学客观的研究成果,进而产生出精神分析方法。弗洛伊德受欧洲19世纪强大的客观科学至上精神的影响,甚至执着于浪漫主义对"How"的无止境追求,才孕育出具有开拓性的成果。弗洛伊德的两面性,受到了雅斯贝尔斯的痛击,也正是其学说的决定论色彩,使得持批判态度的阿德勒和荣格相继远离(参照下一章)。荣格一边批判弗洛伊德的决定论色彩,一边屡屡强调自己作为"经验论者",是重视经验的科学者(对东方文化抱有浓厚兴趣的荣格,同样强烈地执着于"How",真实地反映出了东方和西方思想之差别)。相对于此,与海德格尔[1]的存在主义有着紧密关系的博斯(Boss,M., 1903—　)对荣格的态度提出批判,强调只有通过本质直观才能够接近事象本身。也就是说,对现象排除

1 海德格尔:Martin Heidegger, 1889—1976,德国哲学家。

一切价值判断，对现象的原因、背景相关的一切不做任何肯定，甚至排除主观和客观的区别。但是，彻底做到这一步的话，记述本身就伴随着极端困难，努力往往反倒使外界感受到强烈的主观性，或者陷于一无所获的境地。

在欧洲发展起来的现象学，近来在美国得到重视，创造出美国流派的成果(7)。罗洛·梅[1]等与欧洲的学者还没什么差异，而罗杰斯[2]的思想就具备了浓厚的美国特征。这些都被详细地介绍到日本，不做赘述(8)。我们在前边说到的弗洛伊德具有两面性的精神分析，传到美国以后，其现象学的色彩渐渐淡化，反倒作为客观科学受到追捧。面对如此现实，作为对照产生了罗杰斯的理论体系(9)。这一点，我们不能忽视。精神分析的思想被美国的心理学家交口称赞，派生出很多浅薄的解释和技法，流行于世。这时候出现了罗杰斯，比起解释的技术问题，他更加重视强调心理治疗现场的治疗师的态度，可谓功绩卓著。另一方面，由于美国普遍对外部现实的极端尊重，罗杰斯的现象学并没有像荣格等欧洲的现象学者所瞩目的那样扩展到心灵领域，而是基本上止步于对内省的尊重，或者说过于偏重患者的现象场，忽视了对治疗师人格的考虑。不过，最近又渐渐开始强调治疗师与来访者的相遇、相互作用等等。正是在这个时候，

---

1 罗洛·梅：Rollo May，1909—1994，美国存在主义心理学家。

2 罗杰斯：Carl R. Rogers，1902—1987，美国心理学家，人本心理学创始人。

罗杰斯的学说被介绍到日本,“对来访者,不拘泥于任何条条框框,见了再说”的倾向越来越强烈。

笔者既不是宗教家,也不是教育者和哲学家,在此仅站在实际从事心理治疗人士的立场做一个探讨。“对来访者,不拘泥于任何条条框框,见了再说”,其勇气可嘉,但笔者作为一个实际在现场工作的人对此只能持两可的态度。也就是说,笔者虽极力在解释现象学逼近法,但还是不敢“不拘泥于任何条条框框”。现实当中,我认为还是需要掌握了一定程度体系化的知识再去见患者。我的看法可能会受到指责:这不还是带着条条框框吗?说是条条框框,但这是我们抱着前述的态度通过努力得到的主体经验的成果,跟单纯概念性的条条框框完全不可等同(具体到笔者本人,指的就是荣格心理学)。无论如何,在体系化的知识体系(我们称其为框架吧)背景下面对现象时,我们必须持有一种比照现象进而改进框架的柔软姿态。正因为依赖着框架才有了接近现象的手段,才有可能在把握现象以后认识到修正框架的必要性,在充分考虑两方关联性的基础上来讨论框架。从这一点来看,如果海德格尔的现象学才算得上真正的现象学的话,笔者掌握的现象学则有着逼近的性质,与其说它是“现象学的逼近法”,可能称其为“向现象学逼近”更为合适。也正因为这样,才能找到传达的可能性,并且打开“How”的窗口,在工作中找到可以依靠的依据。在治疗的实际现场,“赤膊上阵”式的努力如果被无意识的自卫本能搅扰而空转，尽管语言层面或许显示出海纳百川的态度，但无法带来实质性的发展，心理咨询现场也就演变成为一块不毛之地。这种状况时有发生，因而笔者深切地感觉到选择一个适合自己的框架的重要性。关于这一点，罗洛·梅在强调逼近式现象学治疗的重要性的同时，指出："（它的）大前提是心理治疗师在训练中对技术知识和心理动态的缜密研究。"[(10)] 和我们这里说的完全是一个意义。前边提到的博斯，也采用了自由联想法等精神分析的技法。而罗杰斯学派的人们则仅仅表现出比较重视具有现象学特征的研究的态度，笔者正因为赞同这个态度，因而更加觉得止步于此非常可惜。

有关现象学我们已经讨论了很多，下面有必要解释清楚笔者自己的立场。在这里，笔者不仅是一个荣格心理学的应用者，同时也是临床心理学方法论的提供者，以此身份表明自己对现象学的思考结果。对笔者来说，所谓现象学，就是"在尽最大可能努力扩展自己的视野的同时，以自己的主体参与进事象的方式，尽可能准确地把握通过主观和客观认识到的一种布局"。

一般说明现象学时经常会用到"排除一切前提""主观和客观分离之前"以及"现象的记述"等表达，笔者在此逐个做些许置换，表达站在实际治疗现场的思考。

这样对现象学思考下来，笔者想起曾经就本章最初谈到的"心理治疗师的作用"与荣格派的比较亲近的人们做过讨论[11]。往年对笔者进行心理分析的导师斯皮格尔曼博士给出的解答是"'soul'的研究"(study of the soul)。这句话的含义准确地诠释了"心理现象学"。针对心理治疗师的使命,"心理现象学"表达出的意义非常深刻。

参考文献:

(1) May,R., *Existential Psychology*. Random House, 1961.

(2) Jung, C. G., *Basic Postulate of Analytical Psychology*. C. W.* 8, p. 340.

(3) 同上,p. 352。

(4) Jung, C. G., *Psychology and Religion*. C. W. 11, p. 6.

(5) 河合隼雄「現象学的接近法について——ロールシャッハ法における方法論の問題」『ロールシャッハ研究』V、一九六二年、一五〇——六一頁。

(6) Jaspers, K., *Allgemeine Psychopathologie*. 5 Aufl., Springer, 1947.

(7) May,R. *et al.*, *Existence*. Basic Book, 1958. 及(1)。

(8) 罗杰斯学说在日本有广泛的介绍,著作全集由岩崎学术出版社出版,可参考阅读。

(9) 有关精神分析有众多的出版物,在美国,一般大众也有所了解。而日本虽说已多有介绍,但还处于连弗洛伊德都未得到普遍理解的境地。因而,罗杰斯学说在两个国家的意义大不相同。

(10) 佐藤幸治訳編『実存心理入門』誠信書房、三十七—三十八頁。

(11) "心理治疗师就是治疗神经症的人",这种说法非常浅薄。凡是有过心理治疗经验的人应该都能体会到这一点。

* C. W.: 指 Collected Works of C. G. Jung, Pantheon Books,数字表示全集中第几卷。

第二章

弗洛伊德和阿德勒

在我们具体讨论荣格心理学之前，有必要了解另外两位巨人弗洛伊德和阿德勒[1]。在日本，说到精神分析，通常不仅指弗洛伊德，多数场合也包含了阿德勒和荣格的学说。在国外，通常精神分析特指弗洛伊德的学说，相对于此，阿德勒称自己的心理学为个体心理学（Individual Psychology），荣格则称自己的心理学为分析心理学，以示区别。这些再加上新弗洛伊德派，统称为深层心理学（depth psychology）。这些心理学学派的共同点在于理解人的行动时，都使用了无意识（unconsciousness）这个概念（阿德勒派渐渐淡化了这一点），但学派间的差异还是相当大的。为了理解荣格心理学，有必要了解弗洛伊德和阿德勒的学说。这里不能解释得很详尽，只能尽可能地把重点放在与荣格心理学的关系上简单地予以说明。包括对精神分析发展过程中有历史意义的背景，这里也在考虑了理解荣格心理学的意义上做出一定的取舍。

1. 精神分析

对于我们这些从事心理治疗的人来说,无视“无意识”这个概念是非常困难的。今天我们在实际临床现场深切感受到其重要性的“无意识”概念,因精神分析的创始人弗洛伊德在细心研究的基础上,以过人的胆识大力主张,才得以面世。实际上,荣格也曾经指出,正是弗洛伊德建立了“构筑治疗神经症的心理学基础”的不朽功绩(2)。当时,虽然人们一定程度上了解癔症(歇斯底里)等神经症有着心理方面的原因,但只有弗洛伊德最早给出了神经症是怎么(How)产生的原理分析。我们先来讲一下为了说明发病机理,弗洛伊德和维也纳的执业医生布罗伊尔(Breuer, J., 1842—1925)共同发表的癔症研究病例(3)。

这是一位名为安娜的高智商的年轻女性,她也是有着非常多样症状的癔症患者。症状五花八门:右半身显示出肢体强直性麻痹,时常陷入失去知觉、谵妄状态。后来她甚至发展到无法理解母语,只能用英语交流。作为最能体现弗洛伊德学说的例子,我们可以看一下安娜的其中一个症状:她感觉到非常渴的时候,却无论如何没法把杯子拿到嘴边喝一口水。为了搞清楚这个症状,治疗师对她实行了催眠术。催眠过程中,安娜说曾经在一个她很不喜欢的妇女的房间里,看到她家的小狗嘴贴在杯口喝水,感觉很恶心。但为了礼貌闭口不提此事。也就是从那时起,安娜出现了没办法用杯子喝水的症状。在催眠状态下,不受到任何压抑地谈论过去的经历,一直受到压抑的情绪得以发散。当把杯子放在安娜唇边,她从催眠状态中醒过来后,没有任何抵触地开始拿着杯子喝水。对这个问题,弗洛伊德给我们展示出戏剧性的解决方式。

我们不再详细讨论安娜的病例,但这个例子显示弗洛伊德心理外伤理论(psychic trauma theory)是能够成立的。在癔症发病的根源之处存在着心理外伤体验。本来应该跟随着自身体验发散掉的能量,因为发散的路径被阻塞,积淤产生了病症。借用弗洛伊德自己的话来描述其治疗法:“用完全明白的方式唤起对形成诱因的事象的回想,因而成功地唤醒了伴随诱因的情感,随后患者自己尽可能详细地描述该事象,并将其以语言的形式表达出来,相应的症状随即消失,从此不再出现。”(4) 也就是说,将滞留(retention)的能量发散出去,是治疗的主要方法。因此,产生了滞留型癔症的概念,催生了被称为净化法、精神发泄法(catharsis)的治疗方法,它们成为神经症实际治疗方法中的首创,具有深刻的意义。而且通过对癔症的研究,弗洛伊德还给我们明确指出了无意识的心理过程。也就是说,在安娜的例子中,小狗嘴对着杯子喝水这件事完全不存在于安娜的记忆中,早已经被忘掉了，但在催眠状态下，事情又浮现到意识层面。事实让我们无法否认无意识心理过程的存在。人的心理过程仅仅靠意识的过程无法形成完结的系列，我们不得不容忍心理机能中没有显现到意识领域的那些内容。因而，弗洛伊德的无意识心理过程的研究不仅适用于癔症，在探求其他的神经症、梦、催眠、日常的失误行为等现象的过程中，新的研究成果也不断被发现。关于心理外伤论的变迁过程，我们将在下一节讨论。在具体讨论这些内容之前，我们有必要对当时精神分析产生的历史背景做一了解，不限于精神分析，这对理解荣格心理学也有帮助。

人们普遍都认为法国的萨尔佩特里埃学派和南锡学派为弗洛伊德的先驱(5)。事实上，弗洛伊德在 1885 年去萨尔佩特里埃的沙可(Charcot, J. M., 1825—1893)处留学时，曾很有兴趣地去听了沙可在课堂上演示癔症症状是如何“心理性”地发生的。很纠结于历史上这些事情的人，甚至有些极端地主张弗洛伊德将之作为自己的新学说发表的精神分析，实际上是抄袭了让内(Janet, P., 1859—1947)的论点。关于这一点，弗洛伊德不得不在自己的自传(6)里反驳道：“我在萨尔佩特里埃期间，几乎对让内没有耳闻。”同样，法国的南锡学派也对弗洛伊德有着深刻的影响。相比于沙可重视癔症和催眠等观察和实验，南锡学派的利博[1]和伯恩

1　利博：A. A. Liébeault, 1823—1904，法国心理学家，催眠疗法之父。

海姆[1]则专心于用催眠法实际治疗患者。弗洛伊德到南锡时,对催眠显示出强烈的兴趣。日本已经比较普遍地了解这些法国学派在历史上的意义,在此不继续展开了。

这里我们需要注目的是,相比法国学派的各位学者以法国风格特有的明晰理性明确地记录、分析癔症的病理现象,弗洛伊德则加上了他在心理结构论中显示出的思辨色彩,从而开辟了通向心理治疗的道路。"思辨色彩"这个词,如果用笔者自己的理解来描述的话,就按照前一章所说的那样置换为:"面对作为对象的人,通过以主体参与进去的方式而把握到具体的人格形象,并努力地将其嵌入某一种理论框架。"弗洛伊德正是因为遵循着这样的方法,才开拓出心理治疗的道路。对这一点,我们一定要给予足够的评价。攻击弗洛伊德的思辨性是件很容易的事情,作为思路明晰的科学家,可以说沙可的观察、雅斯贝尔斯锐利的逻辑体系自身无疑均有着高尚的意义,但我们也应该看到,他们谁的思想体系都没能带来心理治疗的实际结果。

那么,弗洛伊德内心的思辨倾向到底是如何形成的呢?关于这一点,笔者认为不能不考虑到德意志浪漫派的影响。也就是说,弗洛伊德的学说是法兰西的理性与德意志浪漫主义结合的产物。

我们还没有详细说到当时德意志学派的走向[(7)],事实

1 伯恩海姆:H. Bernheim,1837—1919,法国心理治疗师。

上,当时在德意志学派中一直流淌着一种对人性一元性思考的风潮。追求,甚至依赖这一点的态度贯穿始终。关注人的心灵、凝视人的内心等等,比起自然科学,更让人感觉包含着半神学、半哲学的色彩。在这些学说当中,甚至可以找到弗洛伊德心理构造论的先驱性思想。比如说,海因罗特[1]将精神病定义为"灵魂失去自由的状态",并认为这种状态是因"罪"而起。这和弗洛伊德的超我(super ego)以及"以牙还牙、以眼还眼"的原则(Talion Principle)相通。而海因道夫[2]则重视情绪冲动和欲望冲动,认为情、欲的纠葛引起精神病,这里也能看到与弗洛伊德本我(id)的相通之处。而且,浪漫派对人的自然本性有着强烈的信赖。齐尔伯格[3]也曾指出[(8)],把德意志浪漫派精神医学家仅仅看作是诗人或哲学家,无疑是错误的,"他们作为临床学家,一直与患者在一起。他们的理论基础不仅仅来自知识型的经验,而且存在于日常的临床实际工作当中"。浪漫派之一,弗里德里希·格罗斯(1768—1853)强调人"向往自由的冲动"(Freiheitstrieb),并认为这种冲动与"人本性的充分发展"有着深刻的关联(在这里能看到与荣格提倡的自性实现[self-realization]的类似性)。而且,当人内在的自然力量与实际

---

1 海因罗特:J. C. A. Heinroth,1773—1843,德国精神医学家。

2 海因道夫:A. Haindorf,1782—1862,德国精神医学家。

3 齐尔伯格:G. Zilboorg,1890—1959,乌克兰裔美国心理学家、心理历史学家。

行动之间具有统合性时，人的精神健康得以保持；当人的本性受到抑制，不能展现出自然流动时，心灵开始生病。还可以举出歌德的友人卡尔·古斯塔夫·卡尔斯的例子，他极力强调作为“灵魂的夜晚”的无意识的重要性，着手于梦的研究。浪漫派的另一人伊德拉（1795—1860）的名言为：“激情以高利贷的方式运转。”我们在压抑自己的激情时，它最终会附带着长期积累的巨额利息而爆发。这些浪漫主义学者所做的贡献正像是在人的无意识世界中努力探寻“诺瓦利斯的蓝花”[1]。但就像伊德拉的著作被后来的克雷珀林（Kraepelin，E.，1856—1926）定性为“纯粹的思想游戏”那样，浪漫主义潮流以伊德拉为终结，以后荡然无存。从此重点放在身体方面的精神病理学开始昌盛。

看上去一度消失的浪漫主义潮流因弗洛伊德的天才再次觉醒，经过了与理性法兰西学派的结合，展现出令人惊异的形象。也就是说，在法兰西盛行的对病理现象透彻观察的基础上，加上了德意志式的对事象一元性解释的努力，对人的发展可能性（引申为心理治疗的可行性）的不懈追求，甚至可以称为“黑暗中的乡愁”的浪漫主义态度，才有了弗洛伊德学说的诞生。因此，可以认为，弗洛伊德的精神分析随处残留着思辨的色彩，并且有着心理治疗理论的崇高价

1　诺瓦利斯：Novalis，1772—1801，德国浪漫派的代表作家，其作品中的蓝花代表着对浪漫主义爱情的憧憬。

值。我们这些日常性地处理人的心理现象的人，每天都实实在在地体验着善与恶、优越性和自卑感等完全相反的内容在人的内心比肩而居，不能不体会到，弗洛伊德对德意志浪漫主义做了一个折射，以强烈的悲观主义的外观出现。弗洛伊德学说过于强劲的穿透力毫不客气地剥去了人的伪装。宾斯万格（Binswanger, L., 1881—1966）曾说道，弗洛伊德面对“过于揭露人的阴暗面”的责难，回答说：“人的心灵尊严毫无疑问，没必要专门去提起。”作为熟知弗洛伊德的人，荣格也说到过：“发掘灵魂的工作呈现出真正的下水道工程的样子，一点都不奇怪。正因为弗洛伊德伟大的理想主义者的特性，他才有可能把毕生贡献给不洁的事业。”[(9)]。有关弗洛伊德的学说，从这些言论中也可窥见一斑。

弗洛伊德给浪漫主义加上了一定角度的折射，而荣格则贯彻着浪漫主义的原型。观察两人学说，底层流淌的内容的不同，可以成为考察弗洛伊德和荣格的差异的手段。当然，从人的心理互补性来看，浪漫的荣格学说当中当然包含着悲观主义阴影（从这方面来说，笔者认为美国的心理学普遍缺乏阴影的意义）。前一章，我们说到弗洛伊德极力将现象学的事象装进客观科学的框架，指出了其学说的两面性。可以看到，弗洛伊德学说两面性当中的合理主义部分在美国得到重视与发展，而具有现象学意义的部分则由欧洲继承下去。在美国，人们强调了精神分析的合理主义一面,但弗洛伊德所用到的生理学框架则遇到了困难。也就是说,弗洛伊德欲将自己的学说与客观事象结合,在寻找生理学依据时提出的“阴茎嫉羡”和“阉割焦虑”等重要概念,在美国被当作相当具体的事实,反而找不到合理的依据,难以得到学界的认可(霍奈[Hornay, K., 1885—1952]对“阴茎崇拜”的批判可以算作一例)。这样,新弗洛伊德派的人们不再拘泥于寻找身体、生理上的关系,而将视野渐渐扩大到社会的和文化性的因素,以求维护其合理性。沿着弗洛伊德合理主义的路线走下去,浪漫主义的色彩就渐渐淡化。相对而言,可以说荣格通过将视线深入到内心世界(后边会讲到的意象、象征的世界)而保持着浪漫性,作为“心理现象学”发展出自己的理论体系(10)。继荣格之后,将现象学的立场推进到极致的宾斯万格和博斯等在欧洲的山岳国家瑞士,让现象学的鲜花盛开,确实发人深思。

我们叙述弗洛伊德所处的历史背景的同时也简单地接触到一点荣格的思想。下一节,我们将回归弗洛伊德,看一下其学说的发展轨迹。

2. 性的理论

弗洛伊德的心理外伤理论,短时期甚至没逃脱被它的发现者抛弃的命运。也就是说,弗洛伊德在患者的叙述中发现了不符合事实的部分。比如说慢慢发现,有些事例中患者谈到自己幼年时遭遇到的乱伦体验,后来被证实现实当中并没有发生过。而且有时候即使唤醒了某个外伤经验,症状并没有简单地就此消失。基于这些观察,弗洛伊德便抛弃了前一节中自己提出的相当简单的外伤理论,发展出新的理论。说到精神分析,在日本现在还依然局限于前述的简单外伤论,即用“精神分析”方法,唤醒沉睡的悲惨体验,然后就结束了。这么想的人不在少数,可实际上没有这么简单。当然存在安娜那种极端例子,但真的很少见。

唤醒一个外伤体验,并不能简单地让症状就此消失。弗洛伊德从这些事实中引申思考,认为症状并不单独地存在于内心,而是由互相有关联的经验复杂地纠缠在一起,在中间形成一个核心。逼近核心能够唤起相同类型的外伤经验,但没走到核心时问题得不到解决。根据弗洛伊德的理论,形成核心的东西具有性的性质,对患者来说是无法接受的,所以时常处于压抑状态(repression),因而对将其意识化表现出明显的抵抗(resistance)。弗洛伊德原先将癔症看作是因心理能量滞留而产生的,面对这些现实,他的思路转换为癔症因自我防卫而形成,并引进了精神分析疗法中重要的概念：压抑和抵抗。这样，前边说到患者讲述的根本不存在的性的外伤，就可以解释为人无意识中的愿望发出的空想。因而，弗洛伊德非常重视性的冲动，专注进行这方面的研究。为便于解释弗洛伊德性的理论并与阿德勒的理论做比较，我们看一下荣格举的例子(11)。

这是因不安症状发作而苦恼的年轻妇女的例子。这位患者一到晚上就在噩梦中尖叫着坐起来，抱紧丈夫恳求他不要抛弃自己，求证他是否还爱着自己。接着，她又发展出神经性哮喘，不安症状的发作扩大到白天。

现在，按照弗洛伊德的方法，我们想要知道这个患者无意识的心理过程，试图搞明白这些症状的意义。这里，我们依赖的是“通向无意识的王者之道——梦”。最初询问患者噩梦的内容，她说是“很吓人的狮子、老虎还有坏蛋追来”。让患者根据梦的内容做自由联想，患者想起了以下事情。她结婚之前某次在避暑地度假时，打网球认识了一位意大利男性。他不仅网球很棒，傍晚还会弹奏吉他，很吸引人，他们就开始了纯粹的交往，慢慢发展到两人在月夜一起出去散步。到这一步，意大利人突然燃起了疯狂的情欲，让根本没有思想准备的患者大为吃惊。患者永远也忘不了他当时的眼神多么令人恐惧——就是梦中出现的野兽的眼神。有关

“野兽的眼神”，她还联想到自己的父亲。父亲在她十四岁时因事故去世了，但去世之前不久曾领她到巴黎去过。一天两人从剧场回来的路上，浓妆的站街女一直纠缠父亲。女孩儿很吃惊地等着看父亲怎么处理这场面时，在父亲的眼中也看到了同样的眼神——“野兽的眼神”。从此这场景就在脑子里打上烙印，女孩跟父亲的关系也发生了彻底的变化。有时候女孩甚至对父亲厌恶到想呕吐的地步，有时候又不由自主地想要爱父亲。女孩会没有原因地大哭，父亲在家时她喉咙里像堵着什么东西一样呼吸困难，两天什么声音也发不出来等等。接到父亲突然死亡的消息，女孩内心陷入压抑不住的巨大痛苦中，痛苦却突然转变成突兀的歇斯底里式大笑。后来，女孩的症状消失了，生活趋于平稳，断绝了和意大利人的交往，三年后跟别人结婚。她现在的不安状况发生于生了第二个孩子并且知道丈夫在对别的女性温柔地献殷勤之后。

她的母亲非常神经质，曾因为要接受各种各样的治疗去住过疗养院，也有着同样的神经性哮喘和不安症状。她父母一直保持着疏离的夫妻关系，母亲对父亲没有理解，患者觉得自己比母亲更了解父亲。父亲非常宠爱患者，因而她对母亲感情冷淡。

通过以上的叙述，我们可以看到该病例的全貌。在目前症状的背景里，有和意大利人交往的体验，也有与父亲的关系问题。父母不幸的婚姻，给了女儿（患者）在家里取代母亲占有稳定地位的空间。对这个患者来说，自己才是父亲合适妻子的想法无疑只是空想，当这个空想受到激烈冲击（看到父亲对其他女性显示出兴趣）时，最初的神经症症状发作。这么看来，癔症症状的意义非常明确，“喉咙里像堵着什么东西”说明突然产生的激烈情感波动，对她来说是“无法下咽”的。意识领域内的感情对父亲的死感到无上的悲痛，但为此而欢喜的无意识存在于她心底的暗流中。实际上，正像无意识所高兴的那样，父亲去世后，患者的症状治愈了。结婚后，作为妻子、母亲登上幸福的顶峰时，症状再度来临。

这些，用弗洛伊德的性理论很容易做出解释。神经症的发作说明患者基本上没有成熟到能够脱离父亲的影响，完全获得自由。因此父亲对其他女性表示出兴趣时，患者受到剧烈的打击，和意大利人的交往也有着同样的性质，因而成为无法忘却的记忆。当发现自己的丈夫也对其他女性表现出好感时，过去的记忆被唤起，症状再度发作。结论可以描述为神经症的原因在于患者幼儿期对父亲产生的爱情关系以及与丈夫之间的感情纠葛。

这个例子中，按弗洛伊德的观点，我们能够很明确地找到神经症背后存在着患者的乱伦心理机制。但是，对于同样的现象，避开性的理论，我们用其他理论也能给出合适的解释。实际上,初期与弗洛伊德共同工作的阿德勒反对性理论,提出了完全不同的思想,下一节我们尝试用阿德勒的理论来说明同一个例子。

3. 权力动机

现在用阿德勒的观点来解释上一节给出的例子。相对于弗洛伊德的性的理论,阿德勒提出:驱动人的基本原动力在于“权力动机”(will to power)。按阿德勒的观点,爱和性都是实现权力欲望的手段。下边用这个观点来对同一事例从完全不同的侧面做一说明。

首先,能够看到患者在每一个场面都不断地努力试图占据权力者的座位。不择手段地占据别人上风的企图,用阿德勒的说法就是这个女性不懈的“男性的主张”(masculine protest)。父母的不睦、母亲持续的神经症,都给了患者登上更高一层权力座位的机会。她对父亲的温柔、对母亲的冷淡都是夺取母亲宝座的手段。实际上,从“权力动机”的角度来看,爱和善行都不过是为取得权力使用的手段。对她来说,对父亲表示出的温柔,不过是从母亲手中争夺权力的手段而已。作为证据,她在接到父亲死亡的消息时不是爆发出无法抑制的笑声吗?

这样的解释,践踏着浪漫爱情的美好价值,真让人觉得难以接受。但换一个角度思考一下,一个男性爱着一个女性,一边深信不疑这是爱情,一边在达到目的的瞬间就隐隐约约感到爱情的色彩已经开始淡薄,现实中这样的例子不少见。嘴上说着爱一个人,但其实质在于通过征服对方、让对方服从自己的意愿来获得喜悦。这样的人不是很多吗?

面对这样的实际情况，责难或是哀叹，都不影响我们把这作为一个心理现象来看待。只要坚持这个视点，就不得不承认在人的内心存在这样的心理机制。话虽这么说，但不意味着这位女性的意识内曾有过我们所描述的强烈权力欲望的作用。她在听到父亲的死讯时感受到深切悲痛就是证明。但意识背后发出的歇斯底里式的狂笑，可以说是产生于意识无法触及的无意识领域的动因（权力动机）带来的症状，也就是隐藏在人们某种善行和德行背后的东西被暴露到明处。一个人在努力积累自己的德行时，背阴面则同时积累着反面的无意识。越是努力去隐藏这一面，在无意识中积蓄的力量就越是强大，不知什么时候，它会毫无征兆地坦然走到前台。在我们叙述的例子中，深爱父亲的女儿沉浸在无比悲痛中时，狂笑突然袭来。就像善良的代表杰基尔博士总归无法逃脱恶魔的化身海德的纠缠[1]。

我们应该已经注意到，患者最初显示出神经症症状的原因在于父亲对其他女性表现出兴趣，也就是说患者认识到父亲的内心有着她无法支配的领域。这给她带来了巨大的冲击，但她又找不到其他办法来控制父亲。即使找不到合理的方法，依然有别的办法来解决问题，这就是神经症。把神经症当作一个方法，听上去非常奇怪。但仔细想想，这真是一个能够支配别人的好办法。突然发作的呼吸困难，

1　见斯蒂文森所著《化身博士》。

使得一家人手忙脚乱、惊慌失措,叫来医生也找不出病因,痛苦的症状吸引着大家的同情。过程中,病人体验到所有人围着自己转的感觉。实际上,她妈妈的神经症,是否也来源于感受到丈夫的内心存在着自己"无法支配的领域"呢?而且女儿也恰好跟妈妈实施同样的妙法,适时地发作神经症。这个计划总是在父亲居家时实施,而且总能成功。随着父亲突然死亡,行动失去了存在的意义,症状也就消失了。和意大利人之间的恋情,也随着出现了能让她回想起父亲男性力量的情形,被她打上了终止符,抛弃到身后。随后,看上去她找到了适当的婚姻,过了一段安宁的日子,但当丈夫把注意力放到家庭之外,被忘却的神经症手段再次开始发挥作用,试图恢复自身的支配力量。

以上是从阿德勒的观点出发对事例的解释。我们先从弗洛伊德的性冲动得到了说明,继而用"权力动机"也能给出完美的解释。弗洛伊德认为是所有问题根源的性,在阿德勒看来不过是实现权力欲望的手段。反过来对弗洛伊德来说,人的支配欲望也可以解释为性欲的一种。

关于弗洛伊德和阿德勒的不同之处,笔者还想指出一点。弗洛伊德为了对症状做出合适的解释,是沿着患者生活的经历,用过去存在的乱伦愿望来解释神经症的因果关系的,而阿德勒则把神经症状当作一种具有目的性的设定(teleological arrangement)放入与未来的关联性当中。面对某一种症状,弗洛伊德引导患者回忆关于这个症状能想起过去的什么事情,或者初次出现症状时有没有什么能够回想起的事情,注意力在患者的过去。阿德勒则引导患者去想:如果没有眼前的这些症状,你会去做什么?把着眼点放在患者对未来的态度。当患者想明白"如果没有神经症的话,自己最想做什么"以后,再继续追究下去:患者是否为了逃避这个想做的事情才躲进神经症里?当现实中出现患者无法支配的状况时,患者哪怕耽于空想的世界也要试图去占据权力之位,正是为了这个动机才巧妙地设置了神经症。让患者认识到这一点,是阿德勒的主要治疗方法。对照一下我们第一章中说到的方法,阿德勒在与未来的关联中看待症状的态度,相当于将"Why"置换为"For what"。这种置换切断了人们对因果律的强烈执着,有着非常重要的意义,与第一章中讲到的现象学的逼近法也有关联。

对于这两人的学说,荣格又是怎么想的呢?首先我们要强调的是,荣格并没有从正面反对两人的学说。就像我们前边引用荣格所说的那样,荣格非常认同弗洛伊德的功绩,对这两位巨人在性和权力两条不同的道路上探求人类心理阴暗的一面、在无意识的世界中努力寻找着什么的行为,一直有着很高的评价。只是,荣格在认可这些"下水道工程"的必要性的同时,努力在寻找无意识黑暗当中的光明。人的生理活动中分明存在着食欲、睡眠欲望等更加明晰的事项,为什么弗洛伊德却专注于性欲?关于弗洛伊德的性理论,荣格谈到过自己的看法。比起很明显的接近生理欲望的食欲和睡眠欲望(当然也带有一定的心理因素),性欲正像是兼顾了生理和心理的两个方面,既有很深的生物学基础的一面,又有和人的心理密切关联的一面,这是最应该受到关注的动因。关于这一点,我们引用一下荣格自己的话[12]:

> 人只要具有作为一种动物的肉体,情欲的一面就属于人原始的动物性质。但情欲的另一面又与人精神的最高形态相关联。情欲只有在本能与精神和谐相处时方能得到繁荣。无论哪一方有了欠缺,都会引起某种形式的障碍,或者至少因失去平衡而具有易于转向病态的可能性。过于动物性则歪曲文明,过于文明则制造出病态的动物。这种进退维谷的窘境恰恰反映了情欲具有的巨大的不稳定因素。

荣格这种对性的思考显示,他一贯把握住事态处于两个极端的两面并且努力接纳全貌的态度。但我们要注意到一点,荣格并不是思辨性地思考作为阴暗面的对立面一定存在着光明,而是立足现实中存在的心理现象一直实际体验着事物的两个极端。因此,不仅仅是性和权力动机,荣格在涉及人类深层意义的宗教性时(这一点成为与弗洛伊德很大的分歧点),论述均以心理现象的具体事实为前提。而且,荣格并没有企图否定弗洛伊德学说的阴暗面,反倒是以与弗洛伊德学说共存的方式叙述自己的思想。这可以说是荣格思想的特征。有些人认为相对于弗洛伊德的悲观主义,荣格属于乐观主义,并从这个意义出发提倡自性实现(第九章),这些想法只能说过于走捷径了。荣格的乐观论应该说是以认可弗洛伊德学说中人的阴暗面部分为基础的,这一点很重要。没有对光明与黑暗错综复杂性的深刻理解,妄谈自性实现,非常危险。以这种肤浅的想法为依据,面对怀抱人生烦恼的人,心理治疗师摆出一副"我来给你做做心理咨询"的居高临下的架势,治疗过程中一旦不得不面对人性中的阴暗面,难免乱了方寸。

话题稍微偏离了主线,现在再回头看一下前边的例子。对完全相同的现象可以有弗洛伊德和阿德勒两种不同的解释,这到底意味着什么呢?荣格认为需要思考人的基本态度的问题,也就是说,面对相同的现象,不同的人有不同的看法、不同的态度。这个观点后来发展成为荣格的"心理类型"理论。有关这一点,我们在下一章里详细讨论。

参考文献:

(1) 期待本书的读者也能够读一下弗洛伊德和阿德勒的著作,至少要读一下弗洛伊德的《精神分析入门》和《梦的解析》。

(2) Jung, C. G., *Tow Essays on Analytical Psychology*. C. W. 7, p. 9.

(3) Breuer, J. & Freud, S., *Studien über Hysterie*. 1895.

(4) Freud, S., *Studien über Hysterie*. 1895.

（5）比如说，Walker, N.，*A Short History of Psychotherapy*. The Noonday Press, 1957。

（6）Freud, S.，*Selbstdarstellung*. 1925.

（7）Zilboorg, G.，*A History of Medical Psychology*. Norton Company, 1941. 文中对德意志学派的介绍均依据此书，详细请参照原著。

（8）同上，p. 466。

（9）Jung, C. G.，*The Spiritual Problem of Modern Man*. C. W. 10, p. 90.

（10）荣格强调了"心理现象"的重要性，笔者也沿着这条线展开讨论，定位为现象学的逼近法。但不能就此得出荣格是现象学者（Phenomenologist），"现象学者"往往用在更加狭义的场合，荣格的思想与博斯等主张的现象学的差异，我们在第一章已经做过探讨。

（11）Jung, C. G.，*Tow Essays on Analytical Psychology*. C. W. 7, pp. 34 – 39.

（12）同上，p. 27。

第三章

心理类型

1907 年，荣格初次见到弗洛伊德，作为合作者他们共同走过了一段路程。后来，荣格 1912 年发表的《力比多的变迁与象征》呈现了两人思想的差异，以此为界线，与弗洛伊德分道扬镳。分手以后的荣格在寻求自己的道路上艰苦奋斗，最初出版的书是关于人的心理类型的论述[1]。按照荣格自己的说法，想要说明自己走的路与弗洛伊德和阿德勒有什么不同，就得给自己的思想找准定位，心理类型正是这种努力的产物[2]。前一节我们已经谈到，荣格认为弗洛伊德和阿德勒的不同之处在于两人看待事象的态度不同，因而试图对这样不同的类型做出描述。关注到每个人面对同一事象时个人意识层面的态度不同，对荣格往后努力探明无意识的心理过程起到了很重要的作用。这也恰恰说明在研究无意识的心理过程之前，思考个人意识层面的态度不同的重要性。荣格把意识的态度当作重要课题的同时，时刻不忘无意识的补偿作用（compensation），对两者的互补性、心理整体性一直持有浓厚的兴趣。很明显这里边隐含着荣格贯穿一生倾心研究的自性，也说明了荣格心理类型方面的著作的重要性。

荣格用到了内向（introvert）和外向（extravert）的概念，作为术语，这两个概念无人不知，但其本意应该说并没有得到足够的理解。下边我们遵从荣格的思想来解释一下类型的问题。

1. 人的类型

尝试根据性格和气质将人分类,远有希波克拉底[1]的气质论,近有恩斯特·克雷奇默(Kretschmer, E., 1888—1964,德国医学家、精神病学家)的气质分类、谢尔顿(Sheldon, W. H., 1899—1977,美国心理学家)的体型分类等众多的研究成果。但根据类型论来研究人格还是受到很多批判,研究本身也存在很多自相矛盾的内容,所以在讲述荣格的理论之前,先就这一点谈一下我自己的看法。

首先需要强调的是,划分类型的意义在于找出接近某具体个人时需要的坐标轴,而不是为了把人划归到某一类型、装进某个分类的盒子里去。初次接触关于类型的书籍,人们容易犯的错误就是陷入后一种想法,动不动就把人归为 A 类型或者 B 类型,轻易地给人贴上标签。这么一来,就把人像昆虫标本一样用针固定在了类型盒子里,忽视了人的活力,对于我们这些心理治疗师来说这种分类毫无意义。实际上,难以想象(至少对正常人来说)现实中存在完全内向的人或者完全外向的人。把类型学当作一个坐标系来看的话,很难找到一个人正好处于坐标轴上,或者一直静止在某个坐标点上。我们通过与坐标轴的偏差、在坐标系里移

1 希波克拉底:Hippocrates,约公元前 460—约公元前 370,古希腊伯里克利时代的医师。

动的轨迹来找到某一个具体人的特征，应该说这一点的现实意义远远超过了简单的分类。同时还要注意到，关于坐标轴的设定方式，荣格、克雷奇默还有谢尔顿等都有各自的特点和差异，我们具体应用的时候，还要考虑对自己来说哪一种更加合适。

接着我们想考察一下人的基本态度（basic attitude）和外部能够观察到的行动（observable behavior）之间的关系。因为这两者关系的复杂性，引起了类型学中的种种混乱，所以需要专门来谈一下。很多类型学家，特别是欧洲的，有意识、无意识地倾向于把重点放在人的基本态度方面。但进入20世纪后人们对客观主义愈加重视，特别是在美国，于是把注意力放在能够观察到的外部行为上的研究日渐增多。这样引起了一个复杂的问题，即人的基本态度与可观察到的行为并非一一对应。比如说，不能断言内向的人一定不擅长与人交往，缺乏行动力，思想迟迟不能付诸行动。话虽这么说，想要说明基本态度的时候，又总归需要记述某些能观察到的行为，这个难点是无法回避的。因而，如果不用全局的眼光看待描述基本态度的语言，不把它当作示意某种布局当中的要素，而是把每一个词语割裂开来，那么我们在记述某种类型的语言中就会发现互相矛盾的词语，不同类型又会共用相同的词语。

站在僵硬的行为主义的观点来看，这就是一种非常不可思议的情形。这种现象无疑是前边所说的基本态度和外部行动之间的差异引起的，而且人力干预也难有作为。欧洲和美国的类型学，或者说性格学的差异也表现在这里。作为罗夏（Rorschach，H.，1884—1922）测验方法中心概念的经验型思想在美国慢慢变得几乎无人问津。看上去好像是基于荣格内向—外向思想的问答卷方式的向性检查，检查得出的向性与荣格的定义又不怎么吻合。这些都和前边讲到的内容有所关联。关于这一点，在思考人格的类别时就要时刻注意究竟把重点放在前述两种观点的哪一端。

我们不得不指出，荣格时常强调的心理互补性也是给类型论带来混乱的重要因素之一。也就是说，人的心灵内部存在着补偿自身类型片面性的倾向，因而只对人的行为做肤浅的观察，或者仅依赖本人的主观判断，问题会被搅和得越来越混乱。看上去一贯很沉着、有思想的人突然感情冲动地爆发出来，成天缩手缩脚的人某一天很意外地在人前放声高歌，这些例子在日常生活中不难遇到。面对这样的情形，我们如果把目光只放在其中比较引人注目的部分，就会难以做出适当的判断。

实际上，对那些仅凭外部行动难以判断的基本态度，看上去好像也不必过多地给予关注。在从事心理治疗的过程中，甚至可以说这样更加有用。因为如果我们过于关注这种基本态度，自身的主体性就会参与进去，就会将视野扩张到比外部行动更深的层次中去，这与我们第一章中讲到的现象学的逼近法比较接近了。这大概也能说明，为什么尽管得不到美国实验心理学家（包括日本心理学家）的青睐，但对每天实际接触活生生的人的精神病学家和心理治疗师来说，欧洲流派的类型法依然有着不可抗拒的魅力。即使在美国，实际从事临床的芒罗（Munroe，R.，1903—1963）也在自己论述精神分析诸学派的名著中介绍荣格的部分感叹道：如果美国的学生们都能多读一读荣格的著作，就不会把测验的结果直接拿去对应行动，而是能更敏锐地感受到对象的基本倾向（underlying trends），自己也就不会这么费劲了[(3)]。她还强调了人的基本倾向与能够观察到的外部行动之间的差异，而罗夏测验给出的结果应该更倾向于表明人的基本态度[(4)]。

我们这么讲下来，并不是要说明通过各种方式把握到的态度与行动是毫无关系的。作为人的基本态度，荣格讨论的内向—外向概念得到了“toughminded 型”心理学骁将艾森克（Eysenck，H. J.，1916—1997）的承认[(5)]，这一点具有真正令人瞩目的价值。

下边，在目前讨论内容的基础上继续探讨荣格的类型学。

2. 一般态度：内向—外向

前一章中讲到荣格认为弗洛伊德和阿德勒的不同来自两人基本态度的不同。弗洛伊德认为个人表现到外界的人性和事件是规范人的行为的要因，相对于此，阿德勒则把重点放在人的内在因素即对权力的欲望上。这样，即使看到同样的事象，观察者的态度不同都会引起想法、看法的不同。荣格非常重视这一点，提出了人有着两种不同的一般态度的观点。当某一个人的关注点、兴趣在于外界的事物和人，其特征表现为与这些的关系和依存性，这种人被称作是外向的；相反，另一种人的关注点在于人内心的主观因素，则被称为内向的，以区分两者的不同。借用荣格本人的说法如下(6)：

> 在人世间有这样一群人，对某一种状况做出反应时，嘴上虽然没有明说，但像是在说“否”一样，首先身体向后缩一下，然后才开始反应；而在相同的状况下，存在另外一群人，很明显地能看出来对自己的行动有着明确的自信，立刻走上前来做出反应。这样，前者的特征表现为与客体的某种消极关系，而后者的特征则表现在与客体的积极关系上。……前者对应为内向态度，后者对应为外向态度。

在进入一个新场面时的行动体现了两者的不同特征。这时候,外向的人惯常表现出与场面融洽的行为,而内向的人总归免不了在什么地方显得那么不自在。外向的人不去深想,适当地跟这个人打打招呼、适当地沉默一会儿,简直就像早就很熟悉这个地方一样,能够和整体的场面融为一体。内向的人,一脸迷茫,心里犹豫着说这个会不会被人笑话而保持尴尬的沉默,有时又会觉得“这个场面是不是要搞得气氛热闹一点”,被这个想法驱使着有时又会干出点傻乎乎的事情,然后一个人暗地里后悔得不得了。就这样,外向型的人在新环境下挥洒自如,而内向的人则在自己内心认可的熟悉的环境里发挥力量。在全新的环境里看上去像是个无能儿一样的人,适应了环境以后,慢慢表现出其潜在的能力,可以显示出让周围人大吃一惊的内涵。现实中不难找到这样的例子。

外向的人在孩提时代一般比较占便宜。不管进幼儿园还是上小学,很快就能适应新的环境,察觉到老师和大人的想法,按照大人希望的样子行动。平时很少感觉到不安,在新的环境里积极行动。当然,如果外向的倾向过于强烈,对外界的事情显示出过分的兴趣,喜欢冒险、不安宁,有些喜欢听话的孩子的老师也会头痛。反过来,内向的孩子在幼儿园和小学低年级经常会感觉到适应困难。他们很难交朋友,跟老师也难以亲近。即便有着丰富的才能,也没办法很自然地表现出来,甚至有可能被看作是怪物。因而,内向的孩子经常成为老师、父母心头的负担。但实际上并不需要特别担心他们。这时候既不要热衷于去矫正孩子的性格,也不要给孩子贴上“行为怪异”的标签。过分地热衷于插手干预孩子,反倒容易扭曲孩子的发育过程。即便在这样那样的外界压力下,具有内向才能的人有些还是能够扩展自己的世界,逐渐成才,但仍然有一些人终会陷入失衡的自我世界。尽管掌握着深层的知识,失衡的人格给自己、给他人都带来深深的苦恼。还有些人奋力抵抗外界的压力获得成功以后,开始欺凌别人、报复社会,以发泄怨愤,补偿自己成长过程中受到的伤害。所以,无论如何,为了避免孩子成长过程中的人格失衡,教师把内向性格的孩子看作一个正常的人,接纳其行为特点,就显得非常重要。

外向的人表现为一般所说的擅长社交,兴趣广泛,广交友人,随时随地都能表现出恰当的行为举止,可以与很多人保持着顺畅的人际关系,给日常生活、工作的执行力打下良好的基础。反过来,外向的人的思维往往有肤浅的一面,经常也就显得非常平庸。外向的人在与外人结合的背景下一般都会以适当的自信在行动,但也会在碰到一点外界障碍时受挫,显示出脆弱的一面。在这方面,内向的人总是过度地自我批判,看上去很没有自信,但是拿定主意了以后往往不惧困难、轻易不会畏缩。两种特征的人形成鲜明的对照。内向的人在自己熟悉的领域以外,与客体的关系总是不很顺畅,其中有些人所有的关注点都在充实自己的内心,毫不关心内心与外界的交流。

当然,这两种不同的一般态度并不以绝对的形式存在,通常一个人总有着两个不同的方面。但大多数都有着基本的倾向,某一种态度习惯性地表露在外,另一种则隐藏在其背后。这样,我们对一个人就可以按外向型、内向型等来做类别划分。这两种类型的特征,荣格认为可以归结为天生的素质。作为证据,首先,可以看到这两者的分布与社会阶层的差别、性别毫无关系;其次,内向、外向的特征在非常幼小的年龄段就能够观察得到;再加上很多实例中可以观察到,如果极力去逆转基于个人素质的不同态度,则当事人会表现出极度疲劳,危及健康。先不谈荣格的观点能不能得到我们全面的赞同,仅仅最后一种现象也值得我们给予特别的关注。现实中,经常能看到的很多神经症患者的事例,可以认为是在环境的强力压迫下扭曲自己固有的一般态度而造成病态的。由外向型父母养育的内向型的孩子,出生于内向型双亲家庭的外向型的孩子,不得不极力迎合父母的一般态度,过程多数都很痛苦。有些孩子的努力取得了一定成功,但因违背自己的天性,随后发生问题;从内向的日本到外向的美国留学的学生,竭尽全力地顺应美国的生活方式,表面上看着取得了某种成功,私下却因为神经症而苦恼。这样的例子不少见。

我们谈到了环境的压力,不得不指出,与这种压力关联的是集团(家庭、社会、当下的时代精神等)有着崇尚某一方的态度、赋予某一方的态度以更高的价值判断的倾向。比如荣格所指出的那样，西方的价值观更崇尚外向态度，对其总是用社交能力强、适应性好等肯定的词汇来描述。反过来，则认为内向型态度过于以自我为中心，甚至是病态的。在魏宁格(Weininger, O., 1880—1903)的性格论的著作中可以看到，他在非常关注内向型性格的同时，使用了“自我性爱型”“以自我为中心”等词汇做表述[(7)]。对弗洛伊德来说，内向甚至就简单地意味着自闭、病态。实际上在美国，“内向的”这个词普遍地让人联想到怪物、适应障碍者等含义。相比较而言，东方则一直给予内向型态度很高的评价。因此，在东方世界漫长的历史进程中，人们一直在享受着丰富的内心世界的同时忍受着物质世界的贫穷。到了近代，惊叹于西方文明的飞速进步，至少在日本，对外向型态度给予正面评价的思想慢慢有了地位。当然，这些与西方根本性的外向型价值观比较起来，很多不过是因为对传统内向型价值观的逆反作用引起的对外向态度的过高评价，或者在内向的根基上披了一层浅薄的外向型外衣。总的来说，无论东西，在整个世界都倾向于给外向态度以高度评价的时候，可以说荣格心理学就像是跟全世界唱起了反调。也可能正因为如此，心理治疗才具有了行之有效的意义。

下边，我们想强调的是，内向或外向态度的片面性行动并不一定具有一贯性。比如说，平时缩手缩脚连大声回答问题都做不到的人突然在很多人面前跳起了滑稽舞蹈；平常总是走哪儿都热热闹闹给大家带来欢乐的聚会气氛的人突然没缘由地消沉，这样的例子经常能见到。为了说明这种现象，相对于有意识的态度，荣格提出了无意识的态度，认为这两者呈现互补关系。也就是说，一般情况下，意识态度表现为外（内）向的人，其无意识的态度则具有内（外）向的特征。当过分强调了意识的态度，无意识态度对意识态度就会发生补偿性作用。特别是意识层面态度的片面性过于强烈，无意识态度受到强力压抑后时常会冲破意识态度的控制，表现出病态的性格。从这个观点出发，荣格指出外向型人的神经症经常会表现出歇斯底里（癔症），而内向型的人多见精神衰弱症（psychasthenia）。

也就是说，癔症是外向型人的特征，日常生活中外向型人会消耗很多精力来吸引外人的注意、努力给外人留下深刻的印象等，具有自我显示倾向，容易受外界影响、接受暗示。外向型人一般比较喜欢说话，为了能得到他人的喜爱，有时甚至不惜编些根本不存在的事情说出来逗大家高兴。但是，肉体的障碍往往作为手段，以制约外向的片面性，极力想把向外部倾泻过头的心理能量拉回内部。无意识层面的机能这样开始活动起来，尤其会使得症状复杂化。继而，带有内向性格特点的空想渐渐旺盛，外向型人慢慢变得毫不顾及周围人的想法，行事总是以自我为中心。

反过来，我们再看一下内向型性格的情况。说明内向型人的神经症，可以举出精神衰弱症的例子。内向型的人平常极力隔断与客体的关系，他们越是贬低客体的价值，无意识的态度就越会成为客体的俘虏。因为这种内心世界相克的搏斗，自己本身的能量渐渐被消耗至枯竭。内向型人对社会上追求的名声、地位等等毫无兴趣，确信自己站在超脱世俗见识的优越位置，但他们无意识的内心活动又渴望着自己看不上的地位、名誉，因而总是体验着不愉快的刺激。从外表看不出当事人有什么具体行动，但其内心的纠结、搏斗慢慢引起了神经症。一方面显示出神经的异常敏感，另一方面又因为极易疲劳而给人迟钝、懒于行动的感觉，这可以说是精神衰弱症的特点。

从我们上边这些叙述中可以看到，针对具体某个人的行动，如果不区分意识态度的表现还是无意识态度的表现，就很难将人分类为某一种类型。而且，观察者自身的类型，也会与观察对象的类型互相牵扯，影响到观察结果。关于这一点，荣格有如下论述(8)：

> 一般说来，依赖判断能力的观察者比较容易把握意识的性格，而知觉型观察者则更多地受到无意识性格的影响。原因在于，主要依靠判断的人比较关心代表心理过程的意识动机，而知觉则仅仅是记录现象的。

总结一下，无意识态度引起的行动，总归在什么地方表现出偶发、失控、幼稚等特点,有时会给人异常、病态的感觉。从这些特点可以区分出与意识态度行为的不同。只有在区分出两种行为以后,我们才可能判断某一个人的类型。

3. 四种心理机能

上边讲到的两种一般态度之外，荣格还提出了每个人具有各自最擅长的心理机能。所谓心理机能，即在种种不同的条件下，原则上保持不变的心理活动形式。荣格举出四种根本的机能类型，分别指思维（thinking）、情感（feeling）、感觉（sensation）、直觉（intuition）。比如说，看到一个烟灰缸，有人注意到它属于陶瓷这一门类，开始思考烟灰缸的易碎性等属性，这属于思维机能；有人关注点在这个烟灰缸一眼看上去印象好不好，这样的人偏重于情感机能；有人精确地把握烟灰缸的形状、颜色的感觉机能非常发达；有些人看到烟灰缸没准儿会联想到和圆有关的某个问题的解答，正是直觉机能带来了这种超出物体本身属性的可能。这些都是各自独立的机能，某个人日常主要依赖于这些类型中的某一种，则称其为思维型、情感型等等。和上一节中讲到的一般态度结合起来，可以组合出内向思维型、外向思维型等八种基本类型。现实中很多人处于这些类型的中间地带。

四种基本机能中，如图 2 所示，思维与情感、感觉和直觉分别处于对立的两极，这意味着思维机能比较发达的人情感机能相对不发达，反过来，情感机能发达的人思维机能不发达。同样的情况也出现在感觉和直觉构成的两极关系中。现实中我们会遇到思维机能很强的人，他站在一幅画

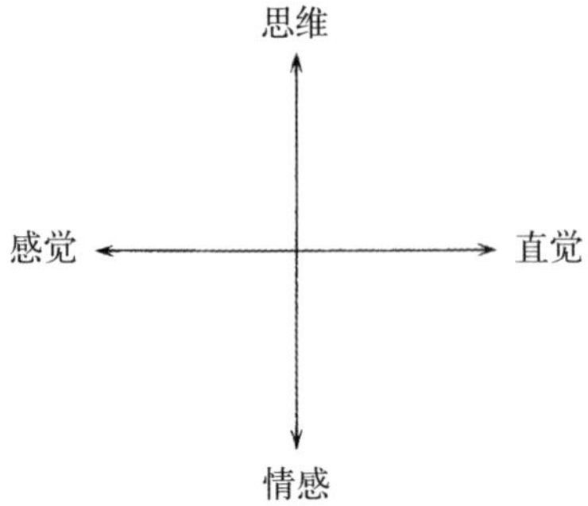

图 2

的前面很难表达出喜欢、讨厌等感受，而是马上进入一种因“看不明白是什么”而陷入深思的状态。还有直觉很厉害的人跟别人交谈，直觉让他从对话中联想到很好的事情，但后来他会想不起在哪里遇到这个人、对方穿的什么衣服，有时甚至连人名字也没印象了。我们称某个人平时主要依赖的心理机能为优势机能，而与优势机能相对立的机能为劣势机能。这里需要特别注意的是，劣势机能指尚未分化的机能，并不意味着该机能处于劣势地位。甚至反过来可以说劣势机能虽然尚未分化但力量却比较强烈。比如说，一贯对什么事情都理性地思考、不带任何感情色彩地高效处理事务的人，某一天却对着一件没什么了不起的暖心故事感动不已，流泪、表达同情，让周围人吃惊不已。这种反应，说明情感足够强烈，但并未真正分化，应该说是尚未分化的劣势机能积攒了足够的能量，忽然间冲破了控制体系而表露出来。现实中，劣势机能突破心理防御机制开始活动时，其行为经常可以吓我们一跳，威胁到我们的日常生活。有关这些心理机能的关系，下一节再详细讨论。

感觉机能和直觉机能，都是首先要把外部的什么东西纳入自己内部，而思维和情感则是根据外部事物做出判断的机能。任何事物都有自己的色彩和姿态，而且这世界上总归会存在一些没什么道理、拍脑袋定下来的事情，思维和情感则要对这一类事物的存在赋予概念并判断善恶。在这个意义上，荣格称“思维和情感”为合理机能（rational function）、感觉和直觉为非合理机能（irrational function）。这里，非合理机能的意思不是指与合理性背道而驰，而是意味着处于合理性的框架之外。感觉和直觉，是对出现的所有事象，统统按其存在的模样去感知的机能，这是这两种机能的看家本领，既不给外界事象指明方向，也不与某些法则作对照。这里，大家可能对把情感归为合理机能表示难以理解。荣格说的情感机能，我们在后边还会详细讨论，主要指的是对好恶、美丑的判断机能，这种判断对于某一个人来说形成了体系，具有一定的方向性，因而，与思维机能共同归类为合理机能。现实中，有些思维型或情感型的人，自己的体系过于强烈，因而难以按客观原样认知现实。这些人经常发出的典型疑问有：“你怎么样才想到这么好的主意呢？”“怎么会有这么离谱的事情呢？”而感觉型的人或者直觉型的人碰到同样的情况，可能想的是：“管它呢，这么好的主意想到就是了”“已经发生的事，反正也没什么办法了”。思维型和情感型的人经常会忘掉这样一个事实：哀叹、纠结事情的不合理性实际上没什么用，不管你怎么想，现实本来就是这样呀（just so!）。整体描述我们就先说这些，下边来具体讨论一下每一个机能的详细内容。

（1）思维　荣格将思维定义为“根据自己的固有法则赋予外界表象以概念性关联的机能”[9]。思维依存于思维的对象，对象既可以是通过感觉感知到的外部事象，也可以是心灵内部无意识的主观。当前者的要素比较强烈时，称其为外向思维型，后者则被称为内向思维型。

外向思维型的人，努力让自己的生活遵守由理性得出的规则，其思维的导向也基于客观的外部事象。即使对心灵内部的事情、涉及哲学或宗教问题，大多数情况下依然还是把周围人的想法当作出发点，或者吸收了别人的看法。比起独创的思想，这类人更倾向于构建一个万人可以接受的模式，以不允许例外存在的态度坚定地维护既定模式。这种类型发挥正面作用时，针对现实问题能够建立起有效的组织结构，或者为社会提供实用的理论体系。但这种思维趋于僵化时，会在大家都明白的时候也要多插上一句嘴，或者认定别人都跟自己持有同样的观点，把一切事物都要硬性装进一成不变的模式里去。这类人有着明显的抑制感情的倾向，轻视艺术、个人爱好和友人。当与感情有关联的事象难以压抑时，依然很容易看到他们在努力试图把这些装进自己的思维模式中。说起爱好，也必须是兼顾了爱好和实际收益的，或者选择的业余爱好也得是以思维为主体的等等。可是，情感受到过度的压抑后，时常会超越本人意识的控制而浮出表面。比如说，一贯以逻辑性和合理性自豪的学者，某一天突然对持有对立意见的学说发起非常感情用事的攻击；像卫道士一样有着非常执拗的道德观念的人，突然某一天在谁看上去都很不入流的女人身上感受到无法抗拒的魅力，卷进没有廉耻的丑闻当中。即使没有这么戏剧化，一般来说，固执的外向思维型的人经常因为自己绝不容忍不同意见的态度，加上需要透一口气时的未分化的情感反应，让自己的家人吃尽苦头。

内向思维型的人，比起关注新“事实”的知识性，更擅长于发现新的见解。作为内向思维型的典型代表，荣格举出了康德[1]的例子，成为外向思维型的达尔文[2]的典型对照。这种类型的人全面独创出的体系，所具有的思维深度无疑散发着闪耀的光芒，但有些人也会陷入完全无法跟外界交流的独善主义。向外界传递思想的困难引起的焦躁，往往与未分化的情感反应相结合，引发具有超乎寻常的破坏性、攻击性的思维和行动。或者，情感反应并没有以攻击性的

1　康德：I. Kant，1724—1804，德国作家、哲学家，德国古典哲学创始人。

2　达尔文：C. R. Darwin，1809—1882，英国生物学家，进化论的奠基人。

形式表现出来,只是表现为看上去纯真无邪的冒失、毛手毛脚、丢三落四。非常亲密的人能够接触到这类人思维的深度,因而常有着深层的理解和敬仰,并且被感化。而对一般人来说,这样的人难以成为一名好的教师,或者说大多数情况下,本人对教育根本就毫无兴趣。叔本华[1]的一个趣闻(10)形象地说明了这种类型的人与众不同的感觉。有一天,叔本华沉溺于自己的冥想走进公园的花坛,园丁看见以后大吼了一顿:“你知道自己在干什么吗?! 你知道自己是谁吗?!”叔本华感叹道:“啊,我要真能知道这些答案该有多好!”

(2) 情感 按照荣格的定义,情感机能即针对被给出的内容,赋予该内容接受或是排斥的特定价值的机能。因而情感机能起一种判断作用,相对于思维试图赋予事物概念性的联系,情感机能则单纯依据主观目的产生“喜好或厌恶”“愉快或不愉快”等判断,与理性的判断有本质区别。

外向情感型的人基本遵从自己的心情生活,但并不与外界过多冲突。一般来说本人的意愿与外界环境的要求相当契合,基本上大家觉得好的事情,这一类型的人也会表现出个人喜好,所以个人行动总是比较合群合拍。荣格认为,通常男性多见思维型,女性多为情感型。像这样外向情感型的女性,是聚会中不可或缺的角色。她们在多人相聚的

---

1 叔本华: A. Schopenhauer, 1788—1860,德国著名哲学家。

场面能酿造出和谐愉快的氛围，其心理机能起了根本性的作用。销售人员必备的能力之一就是给初次见面的人留下好印象并建立起“适当的”人际关系，可以看到该领域非常适合外向情感型的人充分发挥才能。现实中，这样类型的女性无论在职场还是家庭内部均能够建立起愉快的人际关系，随机应变、温柔和蔼，总是受到大多数人的喜爱。反过来，外向的程度超过了一定限度，过于强调客体的意义会引起本人主体意识的丧失，情感中最具魅力的个性也遗失殆尽。这时候这类人看上去像是为了刻意讨好别人而显露出浅薄的一面，难以为继。为了纠偏过于强调的客体意义，受到压抑的未分化的思维机能趁机抬头，这类人开始用“这也不过是……罢了”的句式贬低以前非常重视的情感价值，拿着“妻子不过是共同过性生活的保姆罢了”等等说法来践踏以往人生中的重要价值。PTA（家长教师协会）的聚会本来应该是很愉快地聊天的场合，一旦有人启动了这种思维机能，场面顿时就会演变为讨论和演说，劣势的思维机能在情感的支配下开始活跃。本人一方面尽情发挥了自己都未曾觉察到的新才能，体验到未曾有的快感，另一方面感觉不当心暴露了绝不应该让人们看到的自己的丑恶一面，心情沮丧。然后大概就会咀嚼着这两种情感的混合物，踏上回家之路。

相对外向情感型而言，荣格说到“静水则深”这个词用来表述内向情感性的人，非常契合。外表看上去低调、不热情，甚至于无动于衷的人，显示出深深的慈悲、细腻的感情时，真能让人大吃一惊。这样的人，即使结论是正确的，做出的判断也经常会与当时场面的气氛不相符合，因而内心备受折磨。比如说，朋友买了新衣服，在大家一窝蜂地夸奖着“真漂亮”“特别合适”时，自己却觉得“衣服一点都不好看”(这种判断多数情况下还是真实的)，站在那里心里不知该说什么，可什么都不说也不好。这种类型的人，一方面会因为自己心灵深处感情的强力支持做出留存青史的自我牺牲，或者表现出崇高的宗教性和艺术性。另一方面，也会因为失去了与客体之间的关系，固执于自己的情感判断而成为一个任性、放肆的人，甚至表现出残忍的一面。无法传递给他人的内心感情，很多情况下会投射给自己的孩子。找不到出路的母亲的热情会一股脑地强加到孩子头上，使得孩子的成长、独立变得万分艰难，制造出一个被“深深的母爱”养育大的熊孩子。或者自己无法适当地表达出来的情感苦恼与劣势的思维纠缠在一起，总是因别人的看法而烦恼，遇见什么事情都会陷入纠结的泥潭。长期内心的争斗导致极度的疲劳，有人因此罹患精神衰弱症。这种类型的人，如果能有一个可以适当地表达自己情感的圈子，在圈子中会是一位非常温暖和蔼的人，可以与周围的人构筑起长久的友谊。

(3) 感觉　感觉是一种将生理刺激传递到知觉的机能。外向感觉型比较容易理解，而内向感觉型，有人对其存在本身甚至都表示怀疑。但我们要阐明的是感觉也有主观要素,并不单纯指从外界接受的刺激,有些场合可以说接受外界刺激时人的内心强度成为更重要的因素。很多情况下客体发挥的作用仅仅是制造一种契机。比如说,让大家对着同样的东西写生,不同的人会画出非常不一样的作品。

外向感觉型的人简直就是现实主义的翻版。这类人把客观事实按照其本身的样子完全接受下来,慢慢积累经验。不加思考、不注入情感时,就是一个轻松愉快地享受现时的人:记得这里那里的餐馆的味道,聚餐时能带领大家到合适的地方尽情享受美味。这样的人低俗化,就会变成粗野的享乐主义,把异性当作纯粹感官享乐的对象,等等。反过来,其特征得以升华,则成为高雅的唯美主义者。适当地与情感机能结合,这类人能表现出音乐、绘画的才能,借助思维机能之势则成为擅长准确地积蓄庞大资料的学者。无论如何,这是顺畅地运营日常生活必需的功能,但过于偏向这一点,被压抑的直觉机能则会蒙受损伤。也就是说,看上去很现实的人会陷于某种非常脱离现实的迷信事物中,难以自拔。这样的例子并不少见。

内向感觉型和内向直觉型的人共同之处在于很难适应现代社会。这些人相对于外界的刺激,更加依赖于这些刺激引起的主观强度,因此仅观察这些人的外部行为,其行动大多让人感到完全无法理解。大家都很欣赏的花田,有时在他们看来像是燃烧的火,很恐怖;或者他们在小小的眼睛里窥视到广阔海洋的深渊。对观察到的东西经常难以找到贴切的表达形式,任由这种特性摆布,他们会成为一种只能追随别人生活的人。看上去总是生活在他人的支配下、非常顺从的人,也会突然在难以想象的地方发挥出固执的特性。这种类型的人如果找到合适的方式能够把自己内心听到的东西传达出来,会成为极具创造性的艺术家,让自己的才能开花。这种艺术家描绘出的东西作用于我们的内心深处,会使我们意识到自己内心在此之前毫无觉察的存在,因而发出感叹。这样的艺术家的作品绝不是艺术家主动做成的画面,也不是凭空想出来的,而是努力传达着自己真实的见闻。画家夏加尔[1]曾经讨厌人们说他的作品描绘的是空想世界,回答说:"我画的是现实的世界,是内部的现实(inner reality)。"

(4) 直觉　这是一种相对于事物本身更能感知到其背后可能性的机能。这个过程遵循着无意识的道路而产生,所以,不仅外人,甚至本人都难以说明结论是怎么得到的。这也是直觉机能的棘手之处,因而直觉型的人往往想当然地以为自己的结论是通过推理、观察得出来的。但是,听着他们的说明就能发现,他们不过是在先行的正确结论上随后覆盖了一层未分化的思维和观察。笔者曾遇到过一位典型直觉型的人,听了别人的话,说:"我理解不了你说的事情,但是完全赞同你的意见。"如果谁坚持去追究,"你根本

1 夏加尔:M. Chagall, 1887—1985,俄裔法国画家。

没有理解,又怎么能够赞同呢?”,就有些不近人情了。这种场合,无论如何,结论的正确性是第一重要的。感觉在追究事实性,而直觉则关注的是可能性。因此,不管是什么人陷入四面楚歌的境地,不得不依赖其他的机能时,即使本人的优势机能不是直觉型,也会自动地触发直觉。

外向直觉型的人,并不在意一般人们都认可的外部事物的现实价值,而是为追求其可能性而行动。日常生活中可以看到这一类型的人,为自己偶然的想法去张罗申请专利,热衷于在交易市场、经纪买卖的过程、各式人群中,嗅出隐隐约约的情色关系,到处寻找挖掘别人没注意到的冷门宝物。这种直觉得不到思维和情感判断的辅助时,这类人极有可能成为到处播种却没有收获的人。也就是说,这类人在发现一个可能性但后续工作还没完成时,注意力又转移到其他的可能性上,不能沉下心来做好一件事并享受工作的成果。结果,收获成果的往往是后来接手继续工作的人。所以说直觉型的人经常倾尽全力给他人带来财富,自己却总是苦于贫困。这种倾向走向极端,被压抑的感觉机能就会冲破控制开始抛头露面。从容易陷入荒唐无稽的状况这一点来说,直觉型的人跟感觉型的人很相似。但感觉型的人容易陷入类似于宗教性的神秘事物中去,而直觉型的人则与其相反,更执拗于现实事物,表现为执着于自己身体的疑病性神经症、无意识地执着于某种事物的强迫症及恐惧症等等。

内向直觉型也是一种让人难以理解的类型,非常缺乏对外界的适应性。我们很容易想象,为了追求自己内部的某种可能性在意象的世界到处流浪的人,向外人传达自己的感受时会遭遇到的困难。这种类型的人对外界的事象毫不关心。大家都在炽热地议论着最近发生的热门事件时,他们不过是淡淡地说一句“哦,还有这事儿啊”。总之,这类人令人费解且缺乏产出,现实中,在别人的支配下生存的例子比较多。从外面看上去他们仅仅是对任何事都提不起兴趣、没有自信、行为不可思议等等,而这些表象无疑带来了周围人过低的评价。但这种类型的人一旦有能力找到将自己内心的感受向外界表达的方式(通常会借助思维和情感机能的辅助),会成为具有独创性的艺术家、思想家、宗教家,取得令人瞠目的辉煌成果。或者因为其直觉能力过于敏锐,逃不脱被同时代众人抛弃的命运,并得到下一时代的人们的拍手喝彩。他们受到面向未来的可能性的驱动,背负这样的命运也不难理解。即使不是这么极端的例子,可以说这一类型的人基本上都受到自己内心某种独创性的折磨。在实际生活中,这个特点无疑是一种劣势。有些人刻意回避这一点,无视自己自然的倾向,勉强去做一些机械性的、具有现实意义的事情,结果因内心的摩擦而患上神经症。

以上,我们讨论了四种心理机能和八种基本类型,我想读者大概已经体会到了现实中很少有纯粹的某种类型,多数都是各种各样机能纠缠在一起的混合体。下一节,我们重点来谈谈这方面的内容。

4. 意识和无意识的互补性

前边简单地谈到内向态度和外向态度以及优势机能和劣势机能的互补性，荣格认为在意识的态度偏向于某一端时，无意识就会产生对其补偿的作用力，并且一直很重视这种心理动态。下面详细地讨论一下相关内容。

举一个例子，我们先来看一下外向直觉型的人。这个人为了恰当地获得通过直觉得到的东西，必定需要思维或者情感等机能的帮助来做判断。这时候，如果思维机能成为第二机能的话，那么情感就位于可能还未分化的第三机能，而感觉作为劣势机能其未分化的程度最为严重。

看一下图 3 能够明白这些机能的关系。如果是纯粹的直觉型，直觉—感觉轴没有倾斜，则思维和情感的未分化程度是相同的。而图示类型的人，可以说是具有思维特性的直觉型。同样，一般来说思维型的人也不仅仅只依靠思维，同样需要直觉或者感觉等第二机能提供思维的内容。这种场合，如果没有第二机能的参与辅助，事情就只剩下表面的皮毛，沦落为陈腐无趣的逻辑游戏。因此，一个人首先依赖自己的优势机能，并借助辅助机能去开发劣势机能，通过不断努力逐步发展劣势机能。这个过程，荣格称其为个性化的过程(individuation process)，为人格发展的重要途径。通过深入的研究，这一过程作为人格发展的重要指标应用于心理治疗的现场。这些机能的关系在梦的分析中经常以具有鲜明特征的方式出现,第七章我们会讲到这样的例子,这里先讲一个思维型的人(25 岁男性)很有特征的梦。在梦中,当事人在打桥牌,自己的两边各自坐着哥哥和弟弟,对面是不认识的女性,自己和这个女性是队友。开始打牌,他发现自己的牌当中没有红桃(heart)。

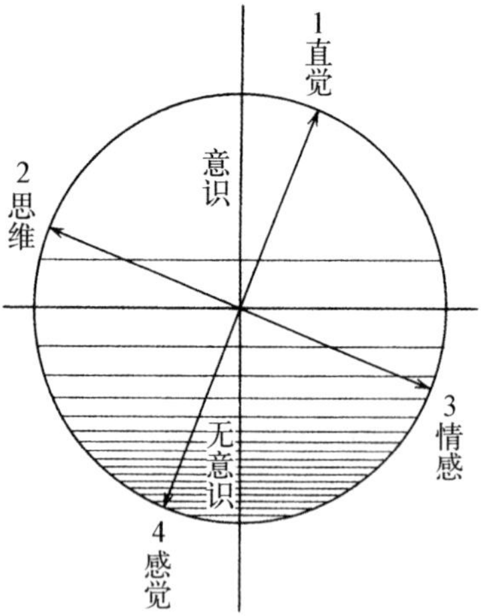

图 3

扑克和麻将一样,这类四人玩的游戏出现在梦中,经常会带有四种心理机能的含义。这里不详细讲当事人对梦的联想内容,从联想的内容可以明显地看出哥哥和弟弟具有直觉或感觉的要素,红桃则能联想到“热情和爱情”。这个梦的内容非常明确,已经不需要再多做解释,从中能看出当事人对自己目前需要解决的问题——情感机能——毫无所知(不认识的女性)。作为人格发展的重要过程,梦境诉说着今后面对女性的重要性。再看一下当事人手上的牌,没有一张红桃,这应该说真实地描绘出思维型的当事人目前的状况。劣势机能经常以“生面孔”“难以抵抗的怪物”的形象出现在梦中。现今社会,在某一方面具有超出众人的专长可能是生存的捷径,因而人们往往将精力集中在开发优势机能上,当被压抑的劣势机能的能量积蓄到不可控制的地步,人们就会患上神经症,只好去访问心理治疗师。或者,也有正相反的情形,为了迎合周围人的期待,有的人一直压抑着自己的优势机能,深陷苦恼。有些思维型的女性,为了满足大家要求的“像个女孩子的样子”,刻意注重外向型情感机能的发展,也是苦恼万端。还有人追求男女平权的新世界,把思维机能等同于男性,任何场合都不能输给男性的想法占上风,反倒损伤了自己原有的丰富情感。也有人一门心思埋头苦读,等到研究生毕业了才开始迷茫。在心理治疗的现场,治疗师通常不会冒冒失失地上手就去开发患者的劣势机能,比较稳妥的做法经常是从开发患者的辅助机能入手。不过,现场并没有什么一定之规,陷于教条主义是非常危险的。治疗师对每一个实例都应当谨慎思考,寻求适合个例的独特方法。一般来说,男性按照自己优势机能生活的情形比较常见,所以其类型也比较容易表现出来。而女性很容易受社会上“柔顺女性形象”的要求影响,很少有某一个优势机能发展到很尖锐的地步,因而类型的表现通常不是非常明显。

荣格强调说：理解和自己类型不同的人是非常困难的。我们一般难以认清与自己对立类型的价值，总是过低评价，或者时常误解对立类型的人，很少能公正地看待他们。对外向型的人来说，总是摸不透内向型的人心里在想些什么，觉得他们冷漠，遇事畏缩不前。反过来，内向型的人看外向型又觉得他们那么浅薄，浑身散发着毫无来由的自信。即使听同样的音乐，因为优势机能的不同，有人注重音乐的构成，有人沉醉在音乐酝酿出的气氛中，有人并不在意音乐，爱的是声音的本身，有人因为音乐背后不可捉摸的什么东西而心潮起伏，就是这么千差万别。音乐爱好者聚在一起，本以为肯定有大家都热衷的共同话题，可也经常因为难以理解别人的感受而惊讶不已。比如说思维型的男性对自己的恋人说："连玛祖卡和华尔兹都分不清楚，竟然敢说自己喜欢肖邦！"马上就会迎来恋人的反击："比起欣赏音乐本身，你好像更热衷于音乐的分类和解说嘛！"再比如说，感觉型的人，看着直觉型的人成天叫嚷着"太喜欢贝多芬了"，可实在理解不了他怎么能够忍受音质那么差的音响设备！直觉型的人会反过来觉得：你到底是真爱音乐还是对音响设备更感兴趣？

但是荣格又说了：人们选择与自己对立类型的人做朋友、做恋人的倾向性很强。要简单说明其中的道理，也很容易：人们能够深度理解与自己类型相似的人，而在对立类型的人身上则感受到不可抗拒的魅力，渴望与他们结合在一起。进一步来看，如果出现了受对立类型强烈吸引的现象，应该表明前面说到的人心灵内部的个性化过程已经开始得到外部呼应。这样结合在一起的两个人，多少年过去以后，想努力互相理解时才发现对方是那么难以捉摸。或者相同类型的人结合，新鲜劲儿过去，互相怎么看都乏味无聊，只想快快分手。这就是俗称的倦怠期。夫妇如果不付出努力走出自己个性化的道路，这个结果是无法避免的。仔细想一下，可以发现对自己来说比较熟悉的环境，比如说家庭、朋友的聚会，可能正好是发展劣势机能的绝妙的练习场所。在这样的场合，不要让单纯出于无意识本能反应的劣势机能毫无控制地暴走，而是努力从正面看待自己的劣势机能，并将之纳入自己的生活当中，那么尽管短期不能期待戏剧性效果，劣势机能在人格发展的道路上还是会一步一步向前。仅仅是毫无作为地重复反射性行为，不能带来进步。

荣格的心理类型理论，首先着眼于意识的态度，明确划分类型，进一步指出意识和无意识之间的补偿作用。再加上外部行为的复杂性，使得类型判断变得非常困难。归根到底，我们可以说，荣格强调的是不被意识的片面性左右，着重研究以全体性为目标的心理动态的个性化过程，以提高在心理治疗现场的实用性。在荣格的心理类型背后，可以感受到后来进入荣格心理学的自性（self）、心理全体性

(psychic totality)等概念。

荣格提出的类型理论中,外向—内向,相当程度可以通过观察外部行动得以确认,但对于心理机能部分,或许还有人抱有疑问。不过面对自己的内心想一想,如果试图改变性格,找出发展的方向,或是努力去理解到目前为止觉得不可思议的人,或是想要改善周围的人际关系,心理机能无疑是一种很好的指标。这一点怎么强调都不过分。用简单的一句话总结,就是对于从内部观察的性格论来说,心理机能的思想具有充分的价值。

进一步,我想表明一点自己的疑虑:在日本,我们是否就可以不加思考地照搬荣格的理论呢?西方普遍重视意识的态度(自我),而在东方,我们不仅仅看到了意识,通常还会以非常明确的态度去把握心灵的整体,更加尊重未分化的整体,所以很难找到荣格所说的专门去发展某一特定心理机能的可能性。比起着眼于某一种心理机能的发展,我们更加追求包括未分化机能在内的整体向上;比起发展自己的长项(优势机能),我们更注重改善自己的短处(劣势机能),总是试图通过艰苦的修行达到人格的整体提升。这样的生活态度,使得我们难以表现出非常具有个人特征的心理类型。从我回国以后两年的工作经验来看,日本人的心理类型没有外国人那么明显,但是很多场合荣格的理论还是能够起到相当的作用。今后,在这方面我将继续采取谨慎的态度行事,希望日后积累更多心理治疗的实际经验以得出比较清晰的结论。

参考文献：

（1）Jung, C. G., *Psychological Types*. Routledge & Kegan Paul, 1921.

（2）Jung, C. G., *Memories, Dreams, Reflections*. Pantheon Books, 1961, p. 207.

（3）Munroe, R., *Schools of Psychoanalytic Thoughts*. The Dryden Press, 1958, p. 567.

（4）同上，p. 569。另外，有关罗夏和荣格的内向—外向的思想比较，可参考 Bash, K., Einstellungstypus und Erlebnistypus: C. G. Jung and Hermann Rorschach. *J. Proj. Tech.*, 19, 1955, pp. 236 – 242.

（5）艾森克对精神分析持绝对否定的态度，比较重视因素分析手法，因而承认外向—内向因素的重要性。

（6）Jung, C. G., *Modern Man in Search of a soul*. Harcourt, Brace and Company, 1933, p. 85.

（7）关于这一点，荣格在 *Psychological Types* 的第 472 页中有所阐述。魏宁格是奥地利哲学家、心理学家，因著作《性和性格》而闻名。

（8）Jung, C. G., *Psychological Types*. p. 427.

（9）同上，p. 611。

（10）Fordham, F., *An Introduction to Jung's Psychology*. Pelican Books, 1959, p. 39.

第四章

情　结

荣格是最初给情结这个词赋予现在所理解的心理学特定意义的人。他在1906年发表的词语联想测验的著作中[(1)]用到"gefühlsbetonter Komplex"(被感情赋予色彩的复合体)这个词,后简化为"Komplex",即情结。荣格引入的"情结"这个词,和内向—外向同时得到广泛认知,心理学专业以外的人们也无人不晓。"情结"最初被介绍到日本时,被翻译成"心理复合体"或者"复合体"。现在这一词汇基本上被用外来语的形式直接音译了[1],而且成为日常用语。虽然情结、内向—外向已经这么普遍地被用到,但能够深刻地理解其真实含义的人却好像不多。所以,这里重新介绍一下荣格的情结概念,我认为还是有意义的。探究情结的现象,对荣格来说是非常重要的,重要到他曾自称自己的心理学说为情结心理学(Komplexen Psychologie)的程度[(2)]。

1　日语的"情结"为以片假名表示的外来语"コンプレックス"。

1. 词语联想测验

将词语联想的方式用于心理学,这种方法很久之前就有人做过尝试,但应用到临床心理学领域,则是荣格首创的。荣格在简单的词语联想过程中发现,有时候反应时间不知为什么变得很长。究其背后的原因,与其说是被测试者的智力发生了问题,不如说是感情因素在暗中起作用,因而荣格尝试把这种现象应用到临床中,确立了词语联想方法。我们来举一个看上去很简单的词语联想的反应时间长得不合情理的例子。荣格的例子中,对词汇"白色",患者迟疑犹豫了一段时间,回答"黑色"(3)。随后,让患者对"白色"进一步联想,患者讲到白色让他联想到盖在死人脸上的布。最近患者有一位近亲去世,而"黑色"的意义代表了服丧。也就是说,由"白色"联想到"黑色",看上去是一个再平常不过的反应,但异常的时间延迟,表现出刺激词与患者

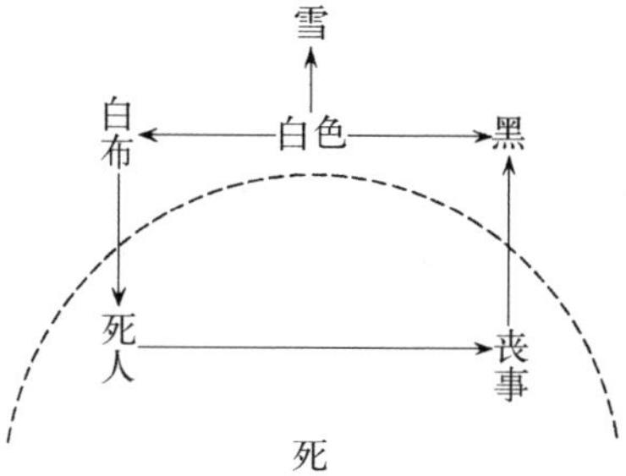

图 4

的情感变化产生了关系。

不仅是反应时间的延迟，这里还有其他一些需要瞩目的异常现象。就此，荣格建立了情结标志。在具体讲情结标志之前，我们先来列一下荣格用到的刺激词语。测验方法非常容易实施，测验者对被测验者说："我现在逐个读单词，按顺序读下去。听到每一个单词以后，尽快地回答你联想到的任何一个单词。"测验者拿着秒表，一边读刺激用语的单词，一边记录被测验者的反应词和反应时间。时间一般以四分之一秒为单位，也就是说，时间为 1.5 秒时，记录"6"。有兴趣的读者可以参考表 1 的刺激词试一下(能找到别人帮忙最好，自己一个人做也能稍微体会到一点这个测验的感觉，不妨尝试一下)(4)。

表 1　荣格词语联想测验的刺激词表[1]

1	头	9	窗户	17	海
2	绿色	10	友好的	18	生病
3	水	11	桌子	19	自豪
4	唱歌	12	询问	20	烹饪
5	死	13	村庄	21	墨水
6	长的	14	寒冷	22	生气
7	船	15	茎	23	针
8	支付	16	跳舞	24	游泳

1　本表由日语版翻译，与国内通用的词语的表述、词性、顺序略有不同，不一一标注。

续 表

25	旅行	51	青蛙	77	牛
26	蓝色的	52	分离	78	奇妙的
27	灯	53	饥饿	79	幸运
28	犯人	54	白色	80	谎言
29	面包	55	儿童	81	礼仪
30	有钱人	56	专心	82	狭窄的
31	树	57	铅笔	83	兄弟
32	刺	58	悲哀的	84	害怕
33	怜悯	59	杏子	85	鹤
34	黄色的	60	结婚	86	错误
35	山	61	家	87	焦虑
36	死去	62	可爱的	88	亲吻
37	盐	63	玻璃	89	新娘
38	新的	64	吵架	90	纯洁的
39	习惯	65	毛皮	91	门
40	祈祷	66	大的	92	选择
41	钱	67	萝卜	93	干草
42	笨蛋	68	涂写	94	高兴
43	笔记本	69	部分	95	嘲笑
44	蔑视	70	旧的	96	睡觉
45	手指	71	花	97	月
46	贵重的	72	打	98	美好的
47	鸟	73	盒子	99	女性
48	落下	74	粗暴	100	侮辱
49	书	75	家庭		
50	不正当	76	洗涤		

全部词语的联想都做完以后，再对被测验者发出指示，“现在我按顺序重新读一遍，请回答跟刚才反应一样的词”，再次测验。记得第一次反应词语的，记录“+”号；记不得第一次反应的词，记录“－”号；说出和第一次不同的词，则把第二次的反应词记录下来。实际操作一下，就可以发现，忘却的程度相当厉害。

看上去很简单的测验方法，实际上会发生各种各样的障碍。在语言联想测验中，有各种迹象能表达出情结的存在。如（1）反应时间的延迟，（2）无法联想出反应词，（3）重复测验者提示的刺激词，（4）对刺激词明显的误解，（5）再现时的忘却，（6）重复相同的反应词，（7）明显很奇妙的反应，（8）观念的执着（比如，对“头”反应为“身体”，接着对“绿色”反应为“尾巴”，非常执着于前一个词的概念）。荣格总结的还有其他一些类型，但主要的都列在这里了，称为“情结标志”（complex indicator）。荣格特别关注到在看上去很单纯的联想过程中发生的各种各样的异常反应，通过词语联想测验开始进行无意识心理过程的研究。面对这样的现实，我们不得不承认存在着意识的控制力无法企及的心理过程。前边的例子当中，作为“白色”的联想词，正常情况下会浮现出“黑色”“雪”“白布”等词汇。但因为患者近期有亲近的人去世，心底有着强烈的感情存在，联想过程就变成了白色→白布→死人的脸→丧事→黑，走过了长长一段路程，因而表现出显著的时间滞后。根据内心活动的情况不同,有时联想的过程会完全停止,被测试者什么都说不出来;或者联想走的路程是死人→死→生,表现出由“白色”到“生”的奇妙联想;或者“死亡”的观念实在挥之不去,对下一个刺激词“儿童”,依然做出“死亡”的反应,连被测试者自己都吃惊不已。异常反应的形式多种多样,如果我们非常仔细地追究下去,经常会发现引起异常的词语构成了一个集合。比如说,对“分离”反应滞后并回答“死”;对“悲哀的”回答为“别离”,再次回答时又忘了,回答“死亡”等。就这样,单独的感情下边聚集了大量的心理内容,形成了一团不可分离的东西。当受到相关的外界刺激时,这样的一团心理内容开始活跃,超越了意识的控制。荣格把这种存在于无意识领域的某种情感结成的心理内容的集合称为“情结”。

前边已经提到过,情结,最初被称为被感情赋予色彩的集合体(feeling-toned complex)。这样,情结作为一种集合体存在,与此相对应,我们的意识也同样是一种集合体。人从出生开始,意识体系就在不断地趋向复杂,该体系必须保持一贯统合性。正缘于有这样的统合性,我们才能够作为一个独立的人格得到外界的承认,或者说才有了自己的个性。荣格认为意识体系的中心功能在于自我。正因为自我的正常运作,人们才能够认识外部世界,做出适当的判断,进而找到恰当的应对方式。在这个前提下,我们面对形形色色、瞬息万变的场合才能够一贯地表现出合适的行为。情结,正是扰乱了自我的这种正常的整合机能。在刚才的例子中可以看到,一般“白色”到“黑色”的反应比较自然,但心底情结的作用打乱了正常反应过程。自我,一般都有着某种程度的自律性,但情结并不服从自我的统制,所以会在现实生活中制造出很多麻烦:关键时刻想不起某个人的姓名,众目睽睽之下满面通红结结巴巴说不出话,该说“我怎么能接受你这么贵重的礼物”时口误成“我怎么能不接受……”,等等。平常以为的只是偶尔失误的情形背后,往往是无意识领域内的情结在活动。事例之多,可以参照弗洛伊德所著《日常生活中的精神病理学》。情结在自我的统制范围之外,所以引起的混乱时常给人一种“根本没有预想到”的感觉,有时甚至让人疑惑是不是被什么鬼魂附身了。情结就像童话当中经常出现的小矮人那样,在人们什么都没察觉到的时候出来干点坏事,看着我们麻烦缠身、无所适从的窘迫样子捂着嘴偷笑。或许也可以说是过去的人为了记录饱受情结伤害的体验,产生了“捣乱的小矮人”的意象,留下了这些故事。

刚才说到过,情结是一种由共通的情感构成的集合体,具有自己的核心。最典型的就是心灵创伤。比如说受到自己亲生父亲性虐待的女性,会将这种难以忍受的经历极力压抑进无意识领域,非如此就无法活下去。让这样的事实停留在意识领域中是极端艰难的,压抑成为最正常不过的反应。这时候,伴随着经历本身的恐惧、厌恶感统统被压抑住，随着时间的推移，其他类似的感情也会被吸收进去。被老师训斥了一顿，差点被狗咬了，等等，都会和以前被压抑的情感重叠在一起。日复一日，情结集聚的力量越来越大，逐渐成为一种威胁自我的存在。当事人经常会出现一些用意识无法理解的恐惧，比如说毫无理由地惧怕马。也就是说，马，作为一种外界刺激物，激活了压抑着的情结，因而受到伴随情结的恐惧的袭击。在情结内部积蓄的情感能量越大，吸收力也越强，但凡有一点点类似性质的东西，统统都被收入囊中，形成巨大的基团。就像荣格指出的那样，其核心可分为两类，既有因自我无法接受而受到压抑的经历、体验，也有个人无意识中内在的、从未被意识到的内容[5]。或者，即使不这么明确地区分类别，也应该注意避免总是在情结中探求受压抑的心灵创伤体验，或者因其内容受到压抑就总是强调消极否定性的感觉。我们应该看到，荣格特别想强调的就是这一点。

为什么荣格会有这样的想法呢？在荣格通过联想测验思考情结的存在时，弗洛伊德采用梦的解析、催眠术等方式也在研究相同的课题。得知此事，荣格在 1907 年非常高兴地去见弗洛伊德，双方开始了合作。但荣格对无意识的认识与弗洛伊德有着明显的差异，这成为双方分手的一个重要原因。概括一下，弗洛伊德认为无意识中的心理内容是受到压抑的且与性的欲望有着深刻的联系。相比较而言，荣格在认可弗洛伊德的观点的基础上，强调无意识的内容不限于此,它还包含了建设性的、积极的内容。情结不仅是受到压抑的体验,我们还需要努力认识到其背后存在的更深层次的原型性事物(有关原型,下一章将做详细讨论)。荣格关于无意识的积极意义的观点在前一章意识和无意识的互补作用中已得到充分的体现,在后续的各个章节我们还能够从其他不同的角度体会到这一点。

荣格的词语联想测验为当前临床心理学领域强有力的武器——投射法构筑了最初的基础。荣格自己后来专注于意象和象征的研究,并没有继续深入实践他的词语联想测验。这个方法看上去简单易行,实则有着深刻的意义,具有充裕的可能在其中挖掘出新的内容,理应受到更多的重视。这里的简单介绍也是为了这个目的,如果读者当中能有人因此产生新的想法,实在荣幸。

2. 情结的现象

前一节我们讲到情结扰乱了自我的统合性,因而引起心理或身体机能障碍。我们要熟知情结的构造和现象,特别是情结与自我的关系。从根源上来说,情结是自我难以接受的内容,自我起初意识不到情结的存在是件再自然不过的事情。也就是说自我的抑制机制在起作用。形象地说,就像是和邻国之间筑起高墙,没有交流,仅在自己国家内部保持稳定状态。但是,国界线上时不时地有一些小的冲突,比如,进来抢劫一下平民百姓,总归会有什么事情提醒我们一下边界那边敌国的存在。就像前一节讲到的例子,正常的人也会时不时地因为情结的力量而失误。这可以说是普通人们的常态。但如果防御的墙壁过于厚实、坚固,长年累月根本意识不到邻国存在之后,敌人悄悄地变得越来越强大,超出了我方的力量,事情又会如何演变呢?最戏剧化的表现大概就是双重人格吧,出现了一个与自己到目前为止的人格完全不同的人格,就像是自我的王座被情结夺去,发生了政变。有关双重人格,法国的让内有详细的研究,荣格给予高度评价[(6)]的同时提出了自己的见解,认为双重人格本质上与情结属于同样的问题,但并不能断言所有的情结都有代替自我的性质。有关双重人格,我们将在下一节做详细说明。这里虽然不继续展开,但应该理解这种现象的存在需要我们熟知情结相对于自我的自律性以及对自我本身的威胁。

双重人格,是情结的力量非常强大、情结与自我交换主权的一种现象。即使这么极端的情况非常少见,自我依然会采取多种多样的方式处置捣乱的情结。这些方法称为自我的防御机制(defense mechanism)。下边就主要的防御机制做一考察。

首先是同化机制(identification)。自我被某个情结同化,意味着自我被置于情结的影响范围内。同化的程度各有不同,有部分同化,也有近乎整体的同化,因此而产生的意识障碍程度也有差别。比如说,普通正常的人也有某种程度的同化现象,男性会有与父亲相仿的想法,而女性会有着和母亲非常相似的想法或行为模式。现实当中,这样的例子随处可见。人们从幼小的时候开始,对父母亲同性的一方经常抱有批判性或攻击性的态度,但又无法表现出来,以父亲形象或母亲形象为中心,形成了一个情结。成人以后,某一天突然意识到自己竟然在不知不觉中模仿着曾经强烈批判的父亲或者母亲,跟他们做着同样的事情。发现这一点,人们不由得吃惊,哭笑不得。这些在生活中都还属于正常范围。如果女性与父亲有很强的同化现象,或者儿子与母亲同化程度很深,会怎么样呢?极端的情况下应该考虑到陷于同性恋的可能性。更极端的,同化的程度覆盖了自我整体,开始相信“我就是上帝”“我将来是要统治全世界的”,那么不得不说问题已经很严重了。这种状况在妄想性分裂症的人中经常能看到。很多事例都说明了重要的一点,同化程度走向极端,同化的对象就会超越父母亲的个人范畴,延伸到上帝、帝王等形象。这也可以说明,情结不单纯基于个人的体验,即使我们把情结仅仅看成过往体验中压抑的东西,那么背后还是存在着超越个人体验的普遍性内容。从这里出发,荣格发展了集体无意识、原型等重要思想,我们会在下一章详细探讨有关内容。荣格的思想,超越了个人体验中某一个具体母亲的实际人物,或者说超越了个人体验的母亲形象,致力于探究可以称为“具有母亲性质”的普遍性原理。这与非常重视个人幼儿时期体验的弗洛伊德的观点相异,也成为两人分手的一个原因。

我们讲了与父母同化的问题,实际上一个人想要挣脱父母缺点的束缚是非常困难的。人们经常是在不知不觉的情况下,把父母的缺点都纳入自己的行为举止当中。某一天发现这一点时,要么叛逆,要么逃避,反过来走向极端的危险例子随处可见。有人对“父母过于严格”的教育心怀不满,反过来对自己的孩子放任自流,随后搞得一地鸡毛。从本质上来说,这也是一种没有挣脱父母缺陷束缚的现象。可以说,正是因为在同化机制的强力作用下,叛逆过头引起了反向形成(reaction formation)。像这样,相反的东西各自具有强大力量且同时存在,也是情结的一个特征。程度的深浅会有不同,但可以认为,对任何一个情结来说,在什么地方一定存在着一个互相对应的情结。比如说,经常可以在自卑感很强的人身上发现非常强烈的优越感情结。两者之中会有一个离自我的距离更近一些,能更容易地被意识感觉到。因自卑感情结的作用,一贯自我贬低、畏缩不前的人,实际上背后总有一个强大的优越感情结,本人甚至会因为这两者之间的落差之大变得更加自卑。自认为根本没有什么存在的价值,企图自杀的人,与心理治疗师交谈过程中,一本正经地在说:无论如何,我作为一个人能为世间做的贡献就是至少减掉一个人(指自杀行为),也算是为解决世界的人口问题尽了一份力。他就这么以一脸认真的表情谈论这么荒诞的想法。话再说下去,就变成"像我这样苦恼的人一定不少,希望自己能够解救世界上所有深陷痛苦的人们"。除了死再没有存在价值的自卑,发愿解救全世界深陷痛苦者的优越,两者共存。读者或许为此惊讶,但我们真的能见到不少实例。并不是所有企图自杀的例子都这么单纯,但与高中生年纪相仿的年轻人面谈中,治疗师发现很多自杀未遂的人都是这样。作为心理治疗师,避免让充满高电压、处于两个极端的情结之间直接发生短路、放电,在保证安全的前提下,给两极之间找到适当的联结,就是我们需要时刻牢记在心的准则。

接下来的重要防御机制就是投射(projection)。投射指的是逃避对自己内部情结的认知,把它投射到外部的某个事物上,借助外部事物来认识情结。比如说,总是指责"人都是很滑头"的人,自己却非常滑头;哀叹"世间为什么这么薄情寡义"的人，很多都没什么温情。而且话中的"人""世间"这样的一般称呼都是不包含自己的，这一点非常有意思。"除了自己，大家都很滑头"，可以说非常形象地说明了投射机制的作用。投射的作用越来越强烈，好像所有的人都在说自己坏话一样。走向极端，哪怕自己一个人待着，也能听到别人在说坏话（幻听），到这一步，只能说是病态了。没到病态的程度，我们每一个人为了好好活着，也多多少少都会启动一定程度的投射机制，把自己的情结投射到别人身上，以求得到自身的安全。普通人投射的时候，被选择成为投射对象的那个人一定程度上是有着能接受投射的某种缘由，即那人身上也存在着值得投射的情结。因此，被投射的人经常也会反过来发出逆向投射，两人间的关系越来越纠缠不清。像这样，情结很容易诱发周围的情结，内心怀抱着很多情结的人就比较容易感受到别人的情结（对自己的倒一无所知）。这样的人经常自诩"具有敏锐的感受性"，不少人确信自己适合当心理咨询师。像刚才说到的自杀未遂的人想要去拯救全世界痛苦的人们一样，自我受到情结威胁的人不敢面对自己的内心，而是去思考如何拯救其他人，这也算是一种投射机制的作用。话虽这么说，投射机制并不仅仅有负面影响，反过来，可以说正是通过这样的投射，我们才有机会认知自己的情结，才能够与情结面对面地决斗。比如说把自己内心的权威情结向外投射的人，看到比自己地位高的人就觉得非常恐怖，但一个偶然机会，他发现这个处于高位的人实际上有着非常温和的一面。这时候，如果有眼光承认自己看到的事实，他肯定会觉得："哎呀，自己原来想的好像不对嘛。"看到以往体验的恐怖感觉跟现实不符，他会醒悟到根本上是因为自己的情结在作怪。这种现象被称为投射的撤回（withdrawal of projection）。我们不要过于害怕自己的投射行为，只要持有开放的态度，观察并吸收周围现象及其含有的意义，一定能够在自己眼中的恶人的行为中发现超乎想象的部分，促成投射的撤回。这样，在认识情结的基础上，通过"投射→投射的撤回"的过程，我们把积蓄在情结中的心理能量引流到建设性的方向。情结的内容流向自我、被自我整合的过程中，总是伴随着情感性的体验，仅仅知识性地理解情结的名词，给这些内容赋予名称（概念化），可能更多的只能成为妨碍自我整合过程的防御手段。用概念化的手段去压制，一时看上去情结的活动好像平静下来，但就像荣格所说的那样，我们可以无视情结的存在，但情结绝不会无视我们[7]。

上面从情结的投射问题讲到了自我整合情结的过程。如果以情结的消退为目标的话，我们将无法回避与情结的正面对决。对心理治疗，很多人都有着"找到好办法能把长年积累的苦恼一举解决"的期待，而心理治疗首先需要做的就是跟自己的痛苦面对面的决斗。可以说，人们最先遇到的考验就是深化自己的痛苦。下一节，我们来讲一下心理治疗过程中究竟会发生些什么。

3. 情结的消退

情结的消退不是揣着两只手就能做到的。前边一节我们也提到过,没有与之对决的姿态,情结是不可能消除的。下边我们举一个游戏疗法的例子,来说明一下这个过程。

这是一个小学三年级的男孩儿。当事人主诉洁癖,是跟妈妈一起来的[8]。他上厕所后,洗手需要十分钟;吃饭的时候对清洁程度提出很多过分的要求,搞得妈妈头痛不已。心理治疗师接受这个案例以后,每个星期,妈妈的心理咨询和孩子的游戏疗法并行进行。这里我们省去细节,只讲一下在妈妈的咨询过程中渐渐明朗的事情。因为奶奶的溺爱和过度保护,当事人在成长的过程中一直是一个很费事儿的孩子。直到上幼儿园之前他还要求喂饭,希望大人给穿鞋子,而家里也禁止他参与邻居孩子们玩的危险游戏。可以想象,孩子的自我成长过程中,自主行动、略有攻击性的行为都被彻底地禁止了。他有时候肯定也想跟周围的孩子们一起调皮捣蛋一下,吃点儿零食之类的。类似的行为、体验都受到压抑,并没有整合进孩子的自我当中,而是形成了情结。接着,伴随着对被禁止行止的反叛情感,情结渐渐被赋予强烈的感情色彩。单从外表上看,这个孩子非常有礼貌,行为举止得体,谁都会说这是个好孩子吧。在好孩子形象的背后,形成了强力的情结。如果给这个情结命名的话,应该称其为攻击性或者活动性情结吧。把攻击性跟活动性放一起，看上去很不明确。不过，我们后边还会讲到，情结的现象非常复杂，很难简单地命名。这个例子当中，如果强烈的叛逆情感非常冲动地表现出来，显示的应该是一般所认为的攻击性；如果适当地把情结中的力量引导到自我当中，就可以称其为活动性。谈到这个例子中的“情结”，可能英文的“aggression”这个词表达得最为贴切（实际上，我们经常会把这个词直接翻译为“攻击性”）。人的攻击性太强不能说是什么好事情，但过度地压抑攻击性，没准儿又会造就一个缺乏活力的软弱人物。这个例子中，判断孩子的攻击性完全被压抑住了，应该不会错。这是一个智商很高的孩子，学习成绩很好，智力方面活动性很强（来访的直接原因是强迫症式洁癖已经给正常的智力活动造成障碍）。他在家里的行为也能够想象得出来，窝里横吧。

这个例子也能够说明情结现象的复杂性。如果教条地看待攻击性受到压抑这一点，我们就会以为这个孩子完全没有活力。但看到他在教室里很活跃地发言、在家里调皮捣蛋的样子，我们肯定会大吃一惊，搞不懂到底是怎么回事儿。说起攻击性，其意义非常广泛，我们应该更详尽地思考其中哪一些形成了情结。在自我的统制力减弱的时候（比如说在自己家里），情结的力量增强，行动模式也会变化。这一点也需要熟知。不了解这种复杂的现象，仅仅依赖条条框框，治疗师自己也会迷失方向，最终不过是给别人的情结起些名字，毫无建设性的意义。

例子中，即使有着我们说的攻击性，但因为智力水平很高，这个孩子的学习成绩始终保持良好状态，一直都是个成功的好孩子。终于，情结力渐强大，超出了自我的压制力量。本人对自我难以认同的攻击性渐露头角感到极端的恐怖，顽固地拒绝承认自己内心的东西，投射到外部，形成了不洁恐惧症。上边说的这些，算是对这个孩子症状形成的一种思考，到这一步，其实还不能说对治疗有什么意义。这种对治疗师来说解释得通的认识，说给患者听并不能解决问题。当然，一切都是在跟母亲的咨询过程中渐渐明朗化，这一点还是很有意义的。母亲自己在对话的过程中，可以独立思考、发现、体验。再者，孩子在治疗的过程中也必须勇敢地面对自己的情结，而不是肤浅地了解一下关于情结的知识。

说到与情结的对决，对治疗师来说最重要的是在治疗的现场给孩子创造一个可以自由行动的环境。游戏疗法的根本在于，治疗师都需要保持开放的态度，接受当事人的任何行为表现。搞不明白这一点的人，看到治疗现场的情况，一定看不出和一般的游戏有什么区别。治疗师要用这种容纳一切的态度与孩子接触。开始孩子基本上不跟治疗师说话，只顾自己玩一些智力游戏，随着时间的推移，渐渐地开始显露攻击性。第三次来的时候，孩子狠狠地敲打木制的组合玩具，以实物为对象表达自己的攻击性。再下一次，孩子要求与治疗师比赛保龄球，并在游戏中投入极大的热情。

拼命玩的过程中,孩子拿黑板擦去擦黑板上记录的分数时,嫌费事,就直接用手抹去字迹,然后用手擦汗,把脸也搞得一塌糊涂,表现出和洁癖完全不沾边的行为。在治疗现场,其实经常可以看到这种情形。前边说到过,情结中互补性地存在着比如自卑感和优越感等两个极端的内容。对这个孩子来说,冲破家里的规矩,随心所欲地做一些不干净、危险的事情的冲动,和内心对不洁净事物的极端恐惧,两个极端事物在内心共存,无法整合到一起,仅仅某一方以症状的形式表现出来。这样,在任何表现都能得到包容的治疗场合,一直被压抑着的一方渐渐抬头,显现为表面的行动。这个日常非常懂礼貌的孩子,还会一不当心忘记了来访的日子,让治疗师空等着。这种行为在第六次的治疗中表现得非常明显,跟治疗师玩投球避球游戏时,孩子使劲扔出让治疗师害怕去接的猛球,满身大汗玩得不亦乐乎,干净不干净的,根本顾不上了。但仅把这些表现看作是到目前为止积郁的发散,还是有些太简单了。确实,积淤的情绪发散出来也是有效的,但这种浮出表面的行为仅发生在与治疗师的互动中。在心理治疗现场,治疗师从根本上理解当事人行为的意义,并且采取完全包容的态度,意义非常重大。因为治疗师的存在,当事人才有可能不止步于单纯的情结发散,还体验着情结带来的感受,进而将这些感受整合进自我。这里,孩子要求与治疗师扔球、接球,有着很深的象征意义。面对有着强烈攻击力的投球,治疗师完全接受下来,而且正面对着当事人又扔了回去。这样，在象征性的包容、对决的反复过程中，当事人渐渐地把一直遭到自我排斥的东西纳入自己的体系当中，努力实现自我的再次整合。

这样在治疗的现场看到进步的同时，当事人在家庭内部的表现反倒在恶化——声称“厕所里有怪物”“饭碗里有奇怪的东西”，显示出极端的恐惧感——让家里人非常担心。但是，仔细考察当事人一连串的行为过程，出现这样的状况可以说是必然的吧。随着在治疗场合一直受到压抑的攻击性得到表现，当事人更加强烈地意识到对外界的投射和恐惧。也就是说，当事人的表面行为看上去好像恶化了，但实际上说明了治疗过程的进步。像这样，在治疗过程中经常会出现表面的恶化现象，需要治疗师对事态好转持有坚定的信念，治疗才能继续下去，迎来终结局面。这个例子也是这样，一段时间母亲的担心加剧，但治疗没有中断，孩子的攻击性慢慢有了质的变化。在第十次治疗时，孩子不把球扔向治疗师了，而是跟治疗师比赛，把球朝墙扔，在球弹回来后接住，跟治疗师比赛看谁连续的次数多。孩子中间说想喝水，然后主动地洗了手和脸，接过治疗师递过来的手帕擦手。在家庭内部对清洁的要求是一种扎根于情结的强迫观念，而在治疗现场的这一连串行为则完全是自发的，以一种自我内部具有统合性的行动表现出来。因为没带手帕，孩子偶然性地借用了治疗师的手帕，这一点也很有意思。治疗师一直都只是自己攻击的对象，或者是会反过来攻击自己的人，现在双方却可以建立起亲和的关系。这个变化可能有点太急促了，在下一次的治疗中又表现出一些混乱。孩子坚持要跟自己的母亲一起进治疗室。治疗师不允许这么做，跟他说，想不想做游戏你自己决定。然后孩子说不想做了，当场就回家了。但下次再来，孩子叠了纸飞机，跟治疗师比赛看谁飞得远。治疗师教他一些很有趣的叠飞机的方法，这样，攻击性通过具有建设意义的游戏表达出来，同时孩子又对治疗师表现出和善的行动。最后一次，简直就像是一个结束的仪式，孩子一边说着“我们还做过这个呢”，一边从治疗初期做的游戏开始一样一样地玩过来，做给治疗师看。成人治疗的场合，当事人经常会在治疗的后期回顾治疗经过，明确自己的变化过程。孩子最后把所有的游戏都做一遍，完全对应了成人常有的这种总结性表现。通过这样的过程，即大约半年时间的游戏治疗，孩子的强迫症状消失，能够跟小朋友们一起玩了，治疗结束。

上边，我们为了说明情结的消退过程，简单说明了一下游戏治疗的例子。通过这个过程可以清晰地看到，一个孩子在治疗现场如何面对自己的攻击性，去体验它，并且把它整合进自己的自我体系中。这个例子非常明了，大家或许能体会到，成年人情结消退的过程应该也是走着同样的路程。对还不习惯读出游戏疗法的发展剧情的人，我们再举一个大学生的例子，可以说与孩子的例子完全走了相似的道路。

一位一直压抑着攻击性的学生进入大学读书。但他的攻击性以大学入学为转折点,开始慢慢显露出来。开始阶段还不熟悉新的环境,他尽量不与外人接触,总是一个人行动(类似于游戏疗法,一开始孩子只是一个人做高智商的游戏,不和治疗师接触)。渐渐习惯了大学的生活后,他将攻击性投射到一个同学身上,开始了与"具有攻击性的同学"的战斗。无论是学习还是体育运动,两个人的竞争逐渐激烈,演变成双方的互相攻击。为了不输给同学,他也不断地努力,不断地重复与同学之间的攻击行为(投、接球游戏阶段)。他内心时常觉得这人太可恶了,非常气愤,但心底有时又会感觉到正是这个人的存在激发了自己的潜在活力,对方的行为有时也让自己觉得"能做到这一步,蛮不简单的"。就在这种双方的攻击性达到顶点的时候,某一天,这位学生出乎意料地发现对方其实是一个很温和的好青年,大吃一惊。突然碰到的事情,让他认识到,误以为是敌人的人原来是自己的同伙。这时候,他一边品尝着内心的混乱,一边思考着:看上去攻击性很强的对方,其实不过是自己本身。同时也认识到,适当的攻击性并不是绝对的恶,进而实现了投射的撤回(接受治疗师的手帕擦手,以及后来出现的混乱)。往后,这位大学生会跟自己一直敌视的同学成为好朋友吧。两人在互相竞争的过程中感受到对方的友情,日后会成为力量相当的好对手吧。这样确立了友情以后,估计两人会笑着谈起"刚见到你的时候,真觉得你是个攻击性很强的讨厌家伙”(游戏疗法终结时的仪式行为)。这位学生就这样在心灵内部体验到攻击性情结的消退和自我的整合,在外部世界得到一位好友。我们这里讲述得比较简单,现实中真要实现这样的过程,需要非常艰苦的努力,也有可能需要经过更加复杂的历程。即使这样,再来回头看看事例的大框架,也可以明白它有着与游戏疗法相通的东西。搞不清楚这一点的人觉得不过是跟孩子在一起做做游戏,而我们就能体会到其中的奥妙。游戏的过程中,人格变化的表达真是活灵活现。治疗师时常为此体验到深深的感动。

通过这个例子,读者看到了我们在治疗现场怎么样通过实际的努力实现情结的消退。一说到“与情结的对决”,内向的日本人很容易陷进一个误区,以为要“正视自己的内心”必须苦苦修行。揪住自己的缺点,又是检讨,又是反省,“追求孤寂的内心”,走上独行的旅途。这样的例子真不少见。比起孤独的修行,像例子那样,与讨厌的同学竞争,在与对手争斗的过程中发现友情的萌芽,这样的过程反倒是与情结的消退联系更加密切。独自修行,更多进行的是关于情结的思考,而不是像例子那样,能够在现实当中活出自己的情结,然后,努力整合、提升。当然,不否认有时独自修行也会有很高价值。如果走向另一个极端,完全放弃思考,不自觉地被自己的情结左右也是很让人头疼的(本人还经常会自以为是富有行动能力的人)。但一说到情结就认为是自己内心的事情，只是闷头思考，就容易忽视与外界建立联系，不理解面向外部的努力也会与内心世界相互呼应、共同成长。前边谈论到独自修行，主要是为了强调这一点。内心与外部世界的呼应性，确实是非常重要的事实。当一个人存在着必须面对的情结时，某一个适当的时机经常会有很巧合的外部事象发生，诱发一系列后续的进程。把内部和外部的事象结合起来作为一个整体来看，就好像形成了一个绝妙的布局一样。荣格非常重视这种现象。实际上每个人都有着无数的情结，但其中一定有一个，在某个时间点上具有关键的意义，到了人们不得不正面与之决斗的地步。比如说前边的例子当中，一个孩子从小压抑着攻击性，一直活得也没什么问题，但到小学三年级，终于出现了洁癖的症状。这一症状影响到正常的生活，使他不得不面对内心的问题。后边一个例子也显示进大学成为一个转机。从大学生的外部行动来看，出现强迫性神经症的症状，对一个同学感到强烈的敌意，都不是我们期待的行为，但对自己的内心世界来说，却又可以被看成是努力解除情结的艰苦路程的开端。

对情结不应采取完全否定的态度，当事人付出艰苦的努力，把情结整合进自我的时候，就显示出其建设性意义。情结，对它的自我来说是一个被否定的存在，人们总是先看到它破坏性和攻击性的一面。但是，当被整合进自我后，情结表现出来的多是值得期待的人的活力。我们应不仅仅紧盯着情结的负面,还要认可其中存在的正面作用,或者说,在看上去负面的外部症状中,发现具有建设性的自我再次整合的努力,这种态度显示出荣格心理学的特征。我们每个人都有着无数的情结,比起成天做些没必要的自我反省,不回避某一时机布局好的情结现象,从最初的负面现象中找到一线光明,不断付出实际的努力,一步步地积累下去,这才是有意义的。

我们讲了情结消退的过程以及和情结决斗的必要性,按这个思路来看,回避情结绝不具有建设意义。而且,情结是自我拒绝体验的那部分内容被赋予了感情色彩,日积月累又被强化产生的。这么看来,打着“不要让孩子有自卑感”旗号的教育,起到的作用往往是强化了自卑感情结。老师不是发自内心的称赞、恭维,即使学生本人分辨不出来,但内心的情结绝不会轻易地被糊弄了。自卑感情结的解除,需要对自卑感有真正的认识,这无疑是一件非常痛苦的事情。说这些,绝没有鼓励教育者去随便指出孩子们自卑感的意思。自卑感被人触动,无论谁都是无比痛苦的。没有与人共同面对、共同承担这项艰巨任务的决心,只是随意去触碰别人的情结,跟一副好心肠的样子去引爆人家床底下静静躺着的炸弹没什么不同。把嘴上说着的“不要有自卑感”当作信条,不敢面对情结的老师,根本上可以说是软弱的吧。反过来相信“教育者的使命就是指出缺点”的老师,也是让人痛苦不堪的存在。在这两种老师的身上可以找到共同点：谁都对自己内心存在的巨大情结毫无知觉。这些话是针对站在教育者立场的人说的，实际上，从前边讲到的内容也能够明白，对情结下手是一件非常艰难的事情。一般来说，尽量不要去触碰别人的情结，算是作为一个成熟的人与他人交往时最起码的礼仪吧。

以上举例解释了让荣格负盛名的“情结”概念，相信可以使读者认识到存在于无意识领域内的情结的重要性，以及其与有意识的行为发生关系的机理。荣格在深入研究情结的基础上，逼近无意识的深层，这些我们将在后边的章节继续讨论。

参考文献：

（1）Jung, C. G., *Diagnostische Assoziationsstudien*. Barth, Bd. I, 1906, Bd. II, 1910；英文版 *Studies in Word Association*, *New York*. Dodd, Mead & Co., 1918。

（2）现在均统一称为分析心理学（analytische Psychologie, analytical psychology），但在德语圈，依然有人沿用情结心理学的名称。

（3）Jung, C. G., *The psychology of Dementia Praecox*. C. W. 3, p. 46.

（4）想要掌握测验的方法，最好自己先接受一下测验。比起自己做，让别人给做意义更深刻。这个词语联想测验看上去很简单，实践一下就能体会到其深意，尽量请别人帮助尝试一下。

（5）Jung, C. G., *On Psychic Energy*. C. W. 8, p. 11.

（6）荣格给予让内很高的评价，承认自己受到了他的影响。让内关于双重人格的研究，可以参考 *L'Evolution Psychologique de la*

Personnalité, *1929*。

（7）Jung, C. G., *A Review of the Complex Theory*, C. W. 8, p. 103.

（8）这个事例中,母亲的心理咨询由天理大学副教授高桥史郎担任,笔者负责孩子的游戏疗法。该事例的罗夏测验分析已经公开发表过,有兴趣的读者可以参考。河合隼雄/高橋史郎「遊戲療法の前後に施行したロールシャッハ法に言語連想法を併用した例」『ロールシャッハ研究』V、一九六二年、一六八——七九頁。

第五章

个人无意识和集体无意识

前一章我们讲述了存在于无意识内的情结的重要性。荣格在研究无意识的过程中渐渐认识到在情结的背后还有着更深的层次，萌生了这一章中将要说明的集体无意识（collective unconscious）、原型（archetype）等概念。将无意识分层思考，形成了荣格心理学的特征。他建立的集体无意识概念在广受艺术家、宗教家和史学家赞赏[1]的同时也招致了不少误解。后边还会说到，在初期，实际上荣格也时常把原型和具有原型意义的意象当作同义词在用，导致逻辑上有些混乱，更加深了理解的难度。即使后来经过理论上的整理，还是很难说清楚的。这里，我只能尽最大的努力解释得容易懂一些吧。

1. 集体无意识

荣格将无意识看作分层构造，区分出个人无意识(personal unconscious)和集体无意识。这些内容用概念上的规定来解释可能很不容易理解，我们就先来看一个例子吧。这是笔者的一个来访者的例子。

一位中学二年级的男生得了学校恐惧症，两个月没去上学。当然自己也搞不清楚为什么没办法去学校，满心不情愿地被妈妈强行领到我这里来。第三次面谈，他讲到下边这个梦。

梦境：比自己的个子还要高的茂密的三叶草丛中，自己在行走。然后看到很大很大的肉的漩涡，马上就要被卷进去时，自己感觉实在太恐怖，被吓醒了。

关于这个梦，少年几乎联想不起任何事情。在进行梦的分析时，让当事人对梦境里的事物进行联想是不可或缺的重要事项。不知读者是否还记得在第二章里讲到梦中看到“野兽的眼睛”，当事人由此联想到意大利人，继而联想到父亲，这成为心理治疗中分析的重要线索。可这次，当事人什么也联想不出来。而且，对肉的漩涡这种超乎常人想象的东西，以及附带的强烈恐怖感，当事人同样毫无思想准备，自己也惊讶不已。这说明梦中的内容离当事人意识的距离还非常遥远，是从心灵很深的层面浮现出来的。从这个梦里我们唯一能够推断的是，他好像要被什么力量很强大的东西卷进去一样，难以走出自己的家，对外表现出惧怕上学的症状。

少年自己联想不出什么事情，但就梦境中漩涡状的恐怖程度，我们还是能够感觉到此漩涡并不是单纯的线条状漩涡，而是能够吞没一切的深渊。类似的深渊，在很多国家的神话中都扮演着相当重要的角色，也就是说象征着大地母亲的子宫(2)。大地母亲，既象征着产生世间丰饶的万物，也是吞没一切生灵的死亡国度的入口，一般总是作为全人类共同的永恒意象出现。对原始时代的人来说，植物从土地中生发，又枯萎回到土壤中（他们应该是这样想的吧），然后又有新的植物发芽、新的生命出生，实在是令人惊叹、不可思议。特别是，依赖这些生发的谷物，人类自己的生命得以维持、延续，"土地的奇妙"一定引起过他们胸口的悸动。作为"产出的原点"，母亲、大地、隐藏着什么的深渊合成一个整体被人们感知到，"地母神"的意象，在世界各地都能找到。

在象征着谷物生发、传达着母亲意象的神话里，希腊的珀耳塞福涅[1]和其母亲德墨忒尔的故事应该算作一个典型

---

1 珀耳塞福涅：希腊神话中的谷神，众神之王宙斯和农业、丰收之神德墨忒尔的女儿。被哈德斯（统治亡灵之神）劫往冥界而成为冥国的王后。

吧。而且，在众多神话中能看到作为生产万物的地母神的形象，经常同时兼具着死神的特征。就像生于土地的植物又再度回归土地一样，产生万物的深渊同时又有着吞没一切的含义。因此，我们能看到很多例子中，地母神一身兼具着生和死完全矛盾的双方。比如说日本神话中生出整个日本国土的母亲神伊耶那美，后来也降到黄泉之国成为死神。具有这种深层含义的母亲意象是全人类共通的。为区别于个人层面的母亲的意义，荣格称其为太母（great mother）。大地母亲，太母，具有生命之神的意义的同时还是死亡之神，漩涡状的形象正象征着母亲神的双重性格。漩涡，同时还象征着太母的乳房，远古时期的太母画像中经常有这种表现方式(3)（可参照图5所示具有漩涡标记的太母神像）。

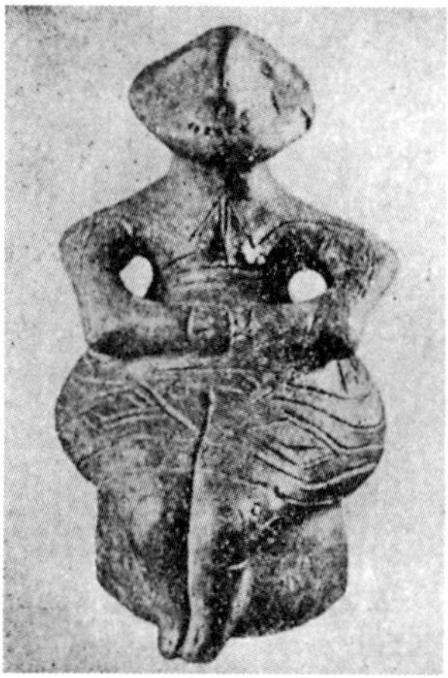

图5　新石器时代的太母神像[1]

（色雷斯出土）

上边我们就漩涡稍做了些讨论，现在再回头看看少年的例子，是不是可以说少年陷入具有母亲象征意义的肉的

1　图片来源于日文原著。——编者注

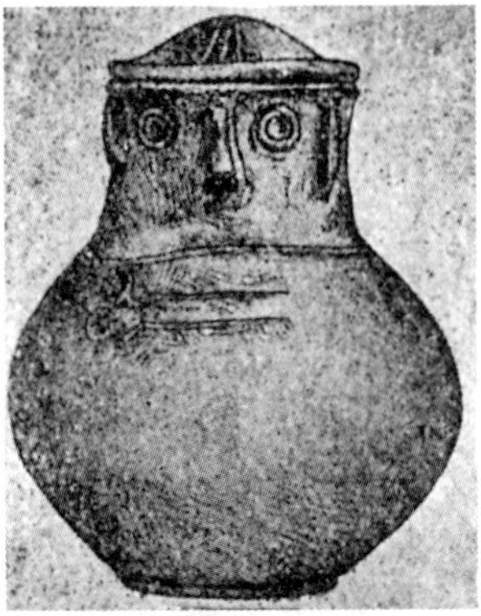

图6 壶[1]

（公元前8—公元前4世纪
普鲁士出土）

漩涡中不可自拔？而且少年在不能去上学的期间，最热衷的就是去看石器时代的各种各样的壶形文物，甚至自己也动手烧制一些粗劣的模仿品。这些行为都能给我们重要的启发。太母，能生出万物，同样也能吞噬一切。壶，成为太母最普遍的象征。实际上在古代，壶本身或者给壶加上眼睛鼻子，就成为信仰的对象，这样的例子很多(参见图6)。

这个少年一开始对自己的梦并没有什么特别的联想，但在接下来的一次面谈中讲到肉的漩涡多么可怕时，他突然冒出一句："真讨厌家里人这么溺爱着我。"考虑到这句话有着治疗过程开始发展的意义，我们也就能够理解前边所述的内容并不是空穴来风，而是有着事实作依据的。治疗进行下去，少年开始表露出内心的想法：自己的父亲患有精神疾病，不想让同学知道，所以特别不愿去学校。在这个例子中，我们能说父亲的精神疾病是导致少年无法去上学的直接原因吗？确实，这是明摆着的事实。但是，仅仅为这个

1 图片来源于日文原著。——编者注

就不去上学,不觉得反应有点过度了吗?荣格针对类似的情况有过表述:“任何心灵反应如果与其诱因的强度不相匹配的话,我们就应该探求这种反应是否还同时受到了某种原型的影响。”(4)按照荣格的理论,这种场合,不仅要看到父亲得精神疾病这个原因,同时还要关注到背后存在的原型(参见下一节)。实际上这个例子中非常软弱的父亲像的背后存在着具有强大力量的肉的漩涡,也就是具有吞噬一切的巨大力量的太母原型,它成为所有现象存在的前提条件。治疗过程就这样把我们的思路带到这一步。少年吐露出这些以后,在父亲的病情并没有好转的情况下,自己却能下决心去上学了。父亲的病情,更多的只是派生出来的而已(父亲的问题在少年重新回到学校以后,由母亲出面处理,这是后话(5))。

在第二章我们也谈到一例神经症,其无意识中的原因是与其父亲和意大利人有关的过往事件。那个例子可以解释为患者过去的经历受到了压抑,但这个少年梦中的情形与自身的经历无关,反倒与神话性的主题有着强关联性,可以认为属于全人类普遍性的层面。

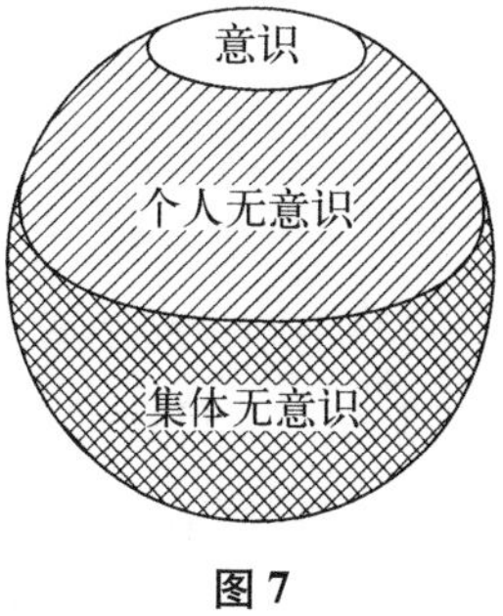

图 7

考虑到以上各方面,荣格认为人类心理不仅应划分为意识和无意识层面,无意识还应该进一步划分出个人无意识及集体无意识。我们用荣格的说法来解释一下这几个层面的意义(6)。

(1) 意识。

(2) 个人无意识　首先指意识内容中因失去强度被忘却的部分,或者是被意识主动地回避(压抑)的内容;其次,虽然不具有能够达到意识的强度,但以某种方式在心灵中留下的感觉性痕迹形成的内容。

(3) 集体无意识　表象代表的所有可能性,作为人类共同的遗产不存在于某一个特定的人,而是存在于整个人类甚至动物中的普遍性内容,因而成为个人心灵真正的基础。

照顾到在人类无意识深处存在的具有人类普遍性的心理层面,是荣格心理学的特征。这一点也成为他与弗洛伊德的学说产生异见从而诀别的原因。就像刚才的例子中说明的那样,这种具有普遍意义的集体无意识的内容有着神话般的主题和形象,在神话、传说故事、梦、精神病患者的妄想以及原始部落人的心性中都能找到共通点。举一个例子,荣格在一位精神分裂症患者的梦中发现了与古老的密特拉神[1]祈祷书中相通的内容(7)。

我们简单地说一下这个例子。荣格在医院遇到一个分

1　密特拉神：Mithra,古代雅利安人的神,与太阳神关系密切,在罗马帝国广泛受到信奉。

裂症患者眯着眼睛看着窗外的太阳，左右摇晃着脑袋。患者对荣格说："眯着眼睛盯着太阳，就能看到太阳的阴茎。左右摇晃脑袋，阴茎也会晃动。这就是刮风的原因。"荣格曾在读希腊语写成的祈祷书时，发现里边写道：太阳中有一个下垂着的圆筒状的东西，往西边倾斜就会刮东风，往东边倾斜就会刮西风。而这个患者不懂希腊文，这本书也是在患者有了妄想症状以后才出版的。所以可以排除患者读了这本书以后才有了眯眼睛看太阳之说的可能性。像这种患者的妄想与神话的内容一致的情况，我们可以当作纯粹的偶然置之不顾。但就像一贯所做的那样，荣格并没有把这奇异现象看成是单纯的偶发事件，而是把发生的事实当作严谨的研究对象。随后荣格在很多地方都涉及类似的情况，指出：如果在心理治疗的现场持续观察，出乎意料地我们经常会遇到同样的情形。

就这样，在持续研究的过程中，荣格提出了集体无意识的概念。如果说，我们上一节中讨论的情结是存在于个人无意识层面的东西，那么作为集体无意识的内容，荣格导入了下一节中要讲述的原型的思想[(8)]。

2. 原型

在前一节讲到的例子中，一位中学生得了学校恐惧症，与此同时还表现出对古代壶状文物的留恋，而且漩涡状的意象等一系列在神话的主题中表现为太母的象征也出现在他的梦中。荣格认为在这种人类普遍的集体无意识内容的表现当中，可以找到共同的基本类型。荣格称之为原型。他最初使用这个词是在 1919 年[9]，这之前一直借用雅各布·布克哈特的术语——“原始意象”(primordial image, urtümliches Bild)。后来这两个术语被区分开来，原型为假设的概念，是隐藏在内心深处的基本要素；而原始意象则表示原型对意识产生的效果，即浮现到意识范围内的意象。换句话说，“原型本身”绝不会被意识化，就像是一个不可视的节点，其表象则为原始意象(也称为原型性意象)。这一点，我们要清晰地区分开来。

做一个比喻吧。假设原始人开拓了森林用作生活的地

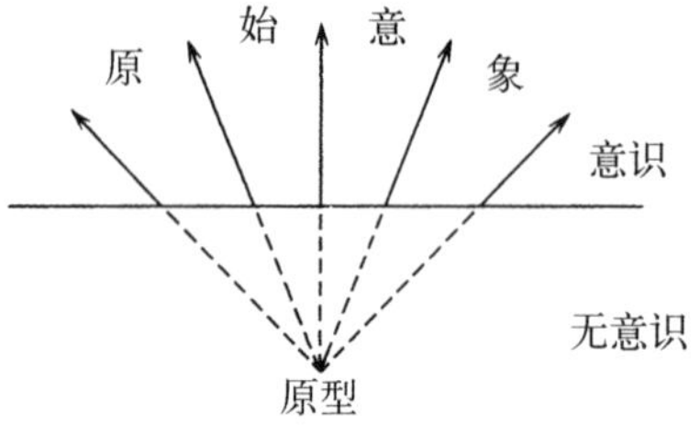

图 8

盘，他们对自己开发出来的这一块土地可能了如指掌，但周围的原始森林无疑还是阴森森的令人恐怖的存在。假设某一天，集团中的某个人被不知来头的什么东西杀掉了，他们怎么来解释这件事呢？最后应该是归结到森林中的某个未知的X头上。这个X，不知道后来他们会称其为神还是恶魔，总之会对其加强观察。他们仔细观察下来发现，只要有人被杀，周围都会出现一些相同的脚印。有的时候没看到脚印，但是受害者的背后都有很大的抓伤。这样，他们对以前单纯认定的森林中的X就会开始区分出甲或者乙。在这个例子中，我们把开拓地当作意识，森林作为无意识（在梦中时常会有这样的表现方法），再来思考一下。可以看到，在意识中表现出的原始意象就像是伴随杀人事件的足迹。人们一次都没有直接看到杀人的怪物，但从每次都会出现的共同类型可以推测出有怪物X存在。并且根据类型的不同，还能找到Y、Z型的怪物。人们通过研究不同类型怪物的行为模式，有可能找出防御手段。虽说并没有直接看到因而也无法了解到怪物本身，但人们从现象的类别还是能够找到防止灾难的有效措施。从这一点我们可以看到，作为无法意识化的节点，导入原型这个假设的概念是有实际意义的。也就是说，在思考这样的基本类型时，通过把握意识现象（这时指原始意象），意识体系在极力地避免发自无意识的原始力量随心所欲地给我们带来的危险。如例子所示的场合，如果最终发现怪物X是开拓生活地盘时逃到森林深处的熊,用意识、无意识的图式来解释,可以等同于过去被意识压抑的个人无意识的内容再次出现引起意识障碍,或者显性地意识化以后迎来问题的解决等现象。

从以上的比喻例子可以引申出神话的成立以及研究神话的意义。刚才我们假设灾难是因怪物引起的,实际上对原始人来说,自然现象的一切都是令人惊异、让人疑惑不已的对象。昼夜交替及其间太阳月亮的运行、洪水、暴风雨等等一定时常对他们的心灵产生某种影响。我们无从得知这些对他们的心灵究竟产生了哪些具体的影响,但一定程度的推测还是可以尝试的。从神话中,我们可以读出许多栩栩如生地模拟各种各样自然现象的内容(如太阳神等),甚至有些学者主张神话就是原始人为解释自然现象而做出的说明。事实上,从最初宗教意义浓厚的神话的母胎中,也曾衍生出一些现代科学的内容,但单纯把它们解释为一切都基于原始人的说明欲望,从低层次的物理学角度上看待神话,却过于片面了。不限于自然现象的物理说明,自然现象、自然现象引起的心理动态,惊叹、悲哀、欢喜等情感在自己的内心扎根并且稳定持续下去,我们更应该尝试从这方面来看待神话。神话学家柯列尼[1]说过[(10)]:"真正的神话不是说明事物,而是给事物打基础。"这个论点非常有启示性。

---

1 柯列尼:K. Kerényi, 1897—1973,匈牙利学者,创建了对希腊神话的现代研究基础。

就此,我们再深入讨论一下。

首先,我们不得不正视的问题是:古代的人记述自然现象时,为什么不是完全按照自然现象发生的样子记录下来,而是创造一个空想的故事?单纯作为物理学、天文学的观察来说,描述从东方升起的太阳就应该如实地把太阳的样子记录下来,为什么一定要写成驾着四轮黄金马车的神?关于这一点,荣格认为古代的人不仅在看事象的外部表现,而且同时想要表述自己由外部事象引起的心灵活动。甚至可以说,古代的人认为外部事象与内部的心灵活动是不可分割的。神话则力图生动地表述这种主客分离之前的内容,这是我们读神话时不可忽视的一点。作为实例,荣格举出了和东非埃尔贡山的住民一起生活时的体验(11)。荣格知道这里的人们在日出时对太阳礼拜,就问道:"太阳是你们的神吗?"被问的人用像看傻瓜一样的表情看着荣格。后来,荣格指着升到天空正中的太阳继续追问下去:"太阳在这儿的时候不是神,但早上在东方的时候是你们的神?"大家更是一副迷惑不解的样子,无话回答。过了一阵子,老酋长出来解围了:"确实,在那上边的太阳不是神,但是早上升起来的太阳是神。"也就是说,对他们来讲,太阳升起的现象和这个现象引起的内心感动是不可分离的。他们并不区分人的感动和早上初升的太阳,而把这些作为整体来体验,体验神。现实中,一个因合理主义思考方式而僵化的人想要把握这样的体验,相当困难。太阳是神,太阳又不是神;到底是神还是不是神？崇拜太阳，太阳就应该恒为神；陷入把一切都分割清楚去看待事物的态度中，就很难把握到原型性的体验。这种体验中不存在合理的知识性所表现出的绝对区别，主体与客体产生了不可思议的一体化，荣格称其为神秘参与(participation mystique)。

按照以上的思考，神话所对应的外部事象无疑是现实的存在，是毫无疑问的事实。但事情绝不仅于此。神话绝不仅仅以相关的外部事象来决定，伴随着这些外部事象的内在体验也是极端重要的内容。我们面对外部事象提出“为什么？”的疑问，并且力图将它组织进合理化的知识体系中去，同时也是在为外部事象底层流淌着的心理体验打基础，并且努力使其趋于稳定。这正是构筑一个神话的过程。这个过程，神话学家柯列尼认为是在回答“为什么”的背后存在的“从哪里来”(Whence? Woher?)的问题(12)。比起用高气压、低气压、空气的移动等概念来解释暴风雨现象，气势磅礴的欧坦军队[1]把挡在自己前边的东西，无论是房屋还是树木，一律横扫碾压过去的故事更加有直达我们心灵的魔力。再有，美貌而神秘的莱茵河女儿罗蕾莱用自己婉转的歌声迷惑着来往于莱茵河上的船员，引诱他们走向深渊的故事，更是形象地传达出深不可测的美丽以及隐藏在背

1　欧坦：Autun，法国中部城市，中世纪时以此为出发点的强势军队向南部扩张，相继在普罗旺斯、勃艮第一带建立公国。

后难以抗拒的危险性。也正因为这样，按理智的判断明显很荒唐的故事，其生命力强大到可以世代相传、延续至今。故事中描绘了猛烈可怕的暴风雨之神的男性像，以及兼具了美丽和恐怖的深不可测的女性像。只要去读世界上林林总总的神话，到处都能找到类似的形象。荣格将这种在全世界普遍存在的主题定义为原型。不同于人类理智的层面，在更加深层的地方有可能存在着与人类原始的心性相通的表象，因而，我们可以在某种程度上以类型的方式把握其特征，或者说，用类型的方式来研究心性更加方便。

以上通过与神话的关联性我们讨论了荣格的原型思想，还想追加说明一些内容。荣格的原型思想经常被误解为“人类在古代得到的意象会被遗传下来”。毫无疑问，很难想象人们在出生以后得到的东西可以简单地遗传给下一代，荣格也不是这么想的。原型，我们或许可以说是人生来具有的“行动模式”(pattern of behavior)，换句话说，如果把原型看作是自古留下来的遗产，不能认为是遗传下来的理念和意象，而应是其表象的可能性。借用前边的例子，不单纯地将从东方升起的太阳仅仅看作是太阳，而是作为“神”来把握其存在，这种样式存在于人类的心灵内部。为了表达以这种方式把握事物的可能性的存在，荣格导入了原型的概念。但无论如何我们不能在自己的意识层面掌握原型的面貌，只能通过原型施加于意识的影响效果来感知到它的性质。这种效果正是刚才神话例子当中的原始意象。实际上，原型仅仅以隐喻（metaphor）的方式展示它的姿态。对于接受不了这种隐喻信息的人来说，原型不过是一个超出合理范围的不可解的谜。原型难以理解的另一个原因在于主体的参与。前边说到的埃尔贡山区住民，是以主体与客体分离之前的一种体验来把握升起的太阳的。以这种形式来把握原型的意象，没有主体的参与，没有通过主体和客体对类型的认识，是不可能实现的。有关这一点，希望大家回忆一下在第一章中讲到的现象学的逼近法。如果我们没有掌握现象学的逼近法，即使反复经历原型式的体验，也不可能体会、认知并习得原型的意义。这也反映出传达原型思想的困难之处。

从以上的讨论可以看出，抽象地谈论原型没有什么意义，基于实例给出说明可能更加易于理解。接下来，我们会更多地采用给出实例并加以解释的方式来说明荣格的思想。荣格提倡的原型中比较重要的有人格面具（persona）、阴影（shadow）、阿尼玛（anima）、阿尼姆斯（animus）、自性、太母（great mother）、智慧老人（wise old man）等等。其中有关太母，我们已经有所涉及，其他的也会在后续内容中讲到。下一节我们讲一下最容易理解的阴影。

3. 阴影

在众多的原型当中，与某个特定人的心灵内容关联性很强，因而比较容易理解的是阴影。简单说，阴影就是这个人的意识没能活出来的那一部分反面内容。对个人来说是意识难以认可的心理内容，如字面意思，就是构成其阴暗面的影子部分。人的意识都具有一种价值体系，一般倾向于极力把跟这个价值体系水火不相容的内容压抑到无意识之下。比如说，孩子从小被教育得温文尔雅，不可以有任何攻击性行为。对这样的孩子来说，任何具有攻击性的东西都威胁着自己的意识体系，因而意识会极力排斥所有“坏事情”。这种背景下，影子就会集聚很强的攻击性。在现实当中要正常地生活下去，一般人们都不会去故意伤害别人，或者非常恶劣地到处行骗，或者在公众面前说些很下流的话。这些一般公众社会的常识认为属于“恶”的内容，也经常构成了阴影的大部分内容。阴影的内容基本上整个社会都是共通的，但具体到每一个人身上，因为价值体系的个体差异，生活方式的不尽相同，阴影会表现出非常浓厚的个人色彩。正因为这些阴影的存在，我们才能感觉到某一个具体人物鲜活的个性，人，才有人的味道。荣格曾说道：“活着的形态要表现出雕像般的视觉效果，需要深深的阴影。没有阴影，人生不过是平板上的幻影。”(13) 没有阴影的人，看上去无论多么光鲜，总是给人一种没有人味儿的不真实感。

沙米索[1]在有名的《出卖影子的人》(*Peter Schlemihls wundersame Geschichte*)中,就非常生动地描绘出失去影子的男性的悲哀。在这篇优秀的故事终结处,沙米索讲到写这本书的目的就是想告诉大家,最重要的东西,第一是影子,第二是钱。看到沙米索写的这段话,笔者联想到一位精神分裂症患者的梦。这位患者在梦中看到自己的影子在窗外渐行渐远。影子脱离自我的控制,开始独自行走,真是危险之极。

在接受心理分析之后,几乎所有的人都会遭遇到影子的问题。自己没有活出来的那一半,即自己的黑色分身在梦中多以同性的人物出现。比如说下边这个例子中一位30岁男性的梦。这位男性平时非常胆小,动不动就脸红,因此很是苦恼。

> 梦境:我在教室里学习。数学课老师向我提问。我想回答问题,但无论如何什么都想不起来。老师一脸嘲笑:"连这么简单的问题都不知道吗?"最后还加上一句:"你成天就这副样子,然后还脸红,还说不出话……"接着班上的同学也跟着老师起哄,喊着:"脸红!""啥都不会!"我浑身冒着冷汗醒来。

---

1 沙米索:Adelbert von Chamisoo,1781—1838,德国诗人、植物学家。

做这个梦的人，从小就像个乖巧的女孩子一样，特别讨厌别人使坏，也不喜欢人们显示出权威的态度，当然，自己也绝对做不出这种事。被自己的意识体系完全排斥在外的东西，在这个梦中涌现出来，威胁到自我的意识。从他对梦联想的内容来看，梦中老师的形象跟现实生活中的父亲形象关联性很强。在心理分析初期，阴影的形象多呈现出对父母的否定意义（随着分析的进行，初始的阴影会分化，意思变得更加明确）。那么，通过这个梦，当事人终于知道，自己一直竭尽全力回避反抗的恶意和攻击性已经充满了自己无意识的世界，从现在起不得不面对这一切。这个例子中被压抑的内容确实也是社会通常不认可的，但阴影就是这样，显示出的并不是单纯的恶。下边我们再来看一个分析过程已经有一些进展的25岁男性的例子。

梦境：我的哥哥因为做了什么反社会的事情被逮捕了。梦中好像回到了武士时代，哥哥不愿意被抓走，情愿选择切腹。我也觉得当然应该这样。但真的到了要实施的时候，我突然明白了“死”的意义，拼命地拦着哥哥，大叫：“不要去死，不管发生了什么事，只要还活着，我们就还能见面，还能商量办法。死了，就什么都完了。不要去死！”

做这个梦的男性，平常做什么事都条理清晰、进退得体,从不做过分的事情。这些就像是他的生活信条,他遵循人世间的规定,在普遍认可的行为准则范围内合理地生活。而梦中出现的哥哥则完全相反,总是希望冲破规则,即使有可能触及法律的边缘,也希望能做点儿什么以行动改善现状。因此,在当事人看来,哥哥的行为经常受情感左右,徒劳无功。例子中,跟自己完全对立的哥哥无疑代表着自己的阴影,哥哥做出反社会的事情要被逮捕这一点就是很好的隐喻。但非常有意义的是这之后的剧情走向,当事人与阴影之间的关系产生了微妙的角色变化。面对不想被逮捕宁可切腹自杀的哥哥,当事人先是觉得理所当然。这一段,非常形象地表现出当事人遵循社会规范、按规矩办事的态度。哥哥原本是反社会的影子,现在也愿意遵循规范自己结束生命,这一点非常引人注目。直到最后的瞬间,当事人的态度突然一百八十度逆转,完全放弃了按社会共同理念的要求以谢罪责的想法,极力要求哥哥活下去,不要去死。他平日在心底嘲笑哥哥,看不上哥哥被人情世故牵着鼻子走,成天做些无用功。到了节骨眼上,他却顺从了自己心底感情的流动,要冲破理念的束缚。在这一瞬间,他喊出了"只要还活着,我们就还能见面,还能商量办法",这句话,意义深刻。或许预示着今后他会与免去一死的阴影持续沟通,或许他的生活态度、生活方式都会发生改变。

从这个例子我们可以看到,阴影并不总代表着"恶"。确实,在这个当事人看来,一个人做事没有头脑,或者情绪上来想怎么做就怎么做,实在是太愚蠢了,招人讨厌。但这方面正是自己今后要吸取的部分,是能够充实人生的另一方面。也就是说,当事人至今一直持否定态度的生活方式,其中也有值得肯定的部分,应该付出努力把这部分整合进自己的意识体系中。在分析治疗中发生的这种变化过程,荣格认为是将阴影整合进自我的过程,对此非常重视。说起心理分析,人们可能有这样的概念,以为让分析家分析一下自己的心理状态,然后指出你是什么类型,有这种特征,没有那种倾向等等,就结束了。事情绝没有这么简单。了解到目前为止从未意识到的缺陷、否定的部分,每个人都需要直接面对这类挑战,从中找出可以肯定的内容。走出这一步的生活超乎想象的艰难、痛苦,把阴影整合进自己的意识体系,说说容易,做起来举步维艰。

尽管前边我们举的梦的例子可能还是比较难以理解,但在日常实际存在的人当中找到自己的影子倒是件比较容易的事情。看看周围,有的人不知怎么挺招自己讨厌;有的人平常相处得还可以但总归有一点让人无法接受、想起来就生气。如果有这样的例子,我们可以仔细想想:会不会这正是自己无意识当中的缺点呢?思考的过程中没准儿会发现些什么。我们每个人都有自己相对固定的意识体系,体系一旦形成,通常难以改变。因此,意识总是倾向于把有可能威胁到自身的东西当作“恶”,极力予以排斥。自己不知道的事情、自己做不到的事情、自己不喜欢的事情、自己会吃亏的事情，统统等于“恶”。这个等式很容易成立。比如说，前边讲到的脸红恐惧症的人（这个人是外国人），非常憎恶军人。对他来说，承认军人中也有很好、很伟大的人，是非常困难的。想想看，虽不能说全部的军人都很伟大，但军人中有伟大的人不是一件很正常的事情吗？当事人的智商很高，但却无法认同这么明白的一件事，让人觉得不可思议。事实上，问题不出在智商方面。这不是知识性的判断问题，这个人长期以来的人生观，用简单的式子来表达，就是“军人＝攻击性＝令人讨厌＝恶”。要打破这个等式，绝非易事。不同于意识范围内的等式，无意识中的等式存在着其不合理性，并且用强力的情感武装起来，具有难以轻易改动的顽固和不承认任何例外的偏执。承认了等式的例外，则意味着改变了人生观。这也就是我们定义的“阴影的整合”。

实际上，读者应该也能联想到智商很高但在某一点上令人吃惊地偏执、绝对不能有任何通融的人。这样的例子不少吧。一些明白无误的命题一旦被承认，对当事人来讲可能就马上变成了与自己的阴影面对面决战。无论如何，面对自己的阴影非常令人恐惧，不管是谁，都不自觉地力图压制自己的阴影，回避、否认这一点。只是，压抑的力量过于强大，阴影和自我之间的交流奇缺，阴影会变得越来越阴暗，越来越强大，待在暗处，伺机反扑。这就有点像因为害怕邻国而关闭国境、终止贸易，自己对邻国一无所知的过程中，邻国越来越强大，某一天突然杀了进来。阴影的自律性增强，超越了自我的控制，以突发性的行动显现。最极端的现象就是双重人格。在强力压制下与自我断绝了交流的阴影，渐渐积蓄了力量，作为一个完整的人格出现，与自我作对。接下来我们用西格彭和克莱克里报告的著名的多重人格事例[14]来做说明。

> 这是位25岁的美国家庭主妇，她在自己一无所知的情况下买了好多跟自己平常的喜好完全不同的华丽衣服，收到服装商人的账单时大吃一惊。自己毫无印象，但是商人的账单送来了，打开衣橱，来路不明的衣服也出来了，毫无推卸的理由。这样，她找到心理治疗师寻求帮助，最初怎么也解不开衣服之谜。后来，治疗师在治疗中对她实施了催眠术。催眠状态下交谈时，她以与平日的她完全不同的人格出现，让治疗师大吃一惊。为了区别这**两个女性**（当然肉体是同一个人），治疗师给她们分别取名为白色夏娃和黑色夏娃。这样，突然出现的黑色夏娃说自己在白色夏娃无意识的情况下，到服装店去买了适合**她**自己穿的衣服。黑色夏娃非常愉快地谈到，趁白色夏娃意识不到的时候还干过其他很多坏事，然后看着白色夏娃挨骂，特别高兴。黑色夏娃正是这位朴素低调，甚至有些阴沉的家庭主妇的阴影。这**两位**女性的性格正像她们的名字所

表现出的那样，黑白分明，形成绝妙的对照。白色夏娃朴素谨慎，简直像个圣女，脸上总是浮现着慈悲的表情，从来没有展现出活泼的一面，声音温和稳重。而黑色夏娃，喜欢奢华，生性阳光活泼，像个小魔女一样，甚至连说话的腔调都很粗野。而且黑色夏娃知道白色夏娃的存在，有时作为白色夏娃的替身穿着闪亮的衣服到夜晚的俱乐部现身，释放自己的魅力跟周围的男性尽情玩乐以后，不动声色地回到家里。第二天早上，黑色夏娃不见了，白色夏娃在不明原因的头痛、疲劳中醒了过来。

接着，治疗师在对白色夏娃实施催眠时，叫出黑色夏娃，让她们两人不屈不挠地对话，努力地将她们统合成一个人格。过程我们省略了，在这里需要关注的是就像治疗师非常贴切地取的名字那样，白色夏娃只活出人生“白”的一面，她的无意识当中“黑”的一面长期没有机会表露，人格化以后变成黑色夏娃，超越了白色夏娃的控制开始活动，到处制造麻烦。这个例子可以说非常形象地描述了阴影的现象及其恐怖之处。

黑、白两个夏娃的实例非常富有戏剧性，文学领域也同样有很优秀的作品。斯蒂文森的《化身博士》、奥斯卡·王尔德的《道连·格雷的画像》都是具有代表性的例子。《化身博士》中的杰基尔和海德的故事来自作者斯蒂文森的梦[15]，这一点非常有意思。一眼看上去缺乏合理性的非现实故事打动了无数人的心，把人们内心世界的现实放大描绘出来，让我们能够明确看到生动的形象，确实颇有意义。想想我们平常即使没有像杰基尔和海德那么明显的黑白交替，喝醉酒啦、下班回到家里等等，也有自我控制力减退的时候。跟平常表现出的性格完全相反的一面往往在这时候显露。现实中，我们的阴影部分最容易在亲近的人面前暴露出来。有些很伟大的人，无论在外边得到多么高的评价，却得不到妻子或家里佣人的尊敬，甚至还会受到轻蔑，就是这个道理。

一个人如果过分地压抑自己的阴影，结果就经常成为阴影的牺牲品。有的时候，牺牲是由别人付出代价的。比如说，父母的阴影成为孩子逃脱不掉的人生。时常能看到这类例子，父亲像是一个道德典范，找不出一点可以指责的地方，俨然一位完美的教育家，儿子却完全是相反的，成了一个谁都不愿意招惹的浪子。单纯地相信孩子会跟自己父母相似的人，见到这种事肯定很吃惊。其实，从像父母这一点来说，例子中的儿子也是像自己的父亲的，不过是像自己父亲没有活出来的那一部分阴影罢了。或者还有圣人的阴影由自己的妻子承担的例子。这样让人感觉到像是家庭成员各自担当不同的角色，家族整体共同构成一个人格的例子非常多。表面看上去是德高望重的教育家被放荡儿子的坏名声所累，心灵高尚的圣人为道德败坏的妻子烦恼。但实际上，也可以认为放荡儿子和不道德的妻子不过是德高望重者阴影的牺牲品。现实中，正视自己的阴影、努力和阴影较量的宗教家、教育家大有人在。阴影，在我们的人生中确实是棘手的问题。正因为棘手，更不应该推卸到别人身上。负责任地承担起自身的问题，才是真正的人生。

认知并且整合阴影的困难程度促使我们回避困难，学会充分地利用投射的机制。当一个人实在无法认同存在于自己内部的阴影时，时常会把它投射到周围人的身上。不管怎么说，总归是别人不好，自己一贯都是好人。这种倾向普遍化以后，范围扩大到整个世界，我们可以看到把一个国家、一个民族整体的阴影投射到别处的现象。比如说，某一个国家的人总是瞧不起另一个国家的人，或者觉得另一个国家的人都很坏。这种现象很多。我们日本人在战争中也是教育孩子们“美英鬼畜”之类的，对“美国人都像鬼一样可怕”信以为真；反过来美国人应该也确信日本人都很残虐。实际上，“一个国家的人全像鬼一样可怕”这种单一的事情是不可能发生的，但就是可以做到让另一个国家几乎所有人深信不疑。我们不能忽视，这种现象听上去很荒谬，但其实很普遍。把存在于自己内部的“恶”转嫁到别人头上，相信是别人不好，多么方便、省心。深知其中奥妙的狡猾的为政者，找到适当的投射方法，就可以提高群体的团结力量。最显著、典型的例子就是希特勒迫害犹太人。在希特勒极权主义体制之下发生的难以解决的问题，都被成功地转化成犹太人的罪过，即非常巧妙地把人们的注意力、不满、仇恨转移到犹太人身上，从而逃避责任。在“都是犹太人不好”的集体标语下边，大家因为可以免除个人责任、无须承担心灵负担而紧密地团结起来。人们一旦形成组合，哪怕仅仅是一个村庄、一个班级、一个家族，甚至朋友的小圈子之间，都会发生这种状况。靠着丑化别人而结成的团结力量，看上去总是声势宏大，但其根基是脆弱的，终归会土崩瓦解。真正的团结，需要集团成员都能认识到内部的阴影并且承担起整合阴影的责任，团结只有在人人承担责任的条件下才能得以维持。

阴影中个人色彩比较强烈的部分总是带着对本人的否定意义。但其实在我们毫不退缩地面对自己的负面，并努力对其加以整合时，事态往往会朝正面的方向转换。比如说刚才梦中试图阻止哥哥切腹自杀的例子，就可以说在阴影中显露出了一丝光线。能够领会到这种微妙的感觉，对理解阴影有着很重要的帮助。但是，不能忘记阴影中具有强烈的普遍性的部分，即成为集体阴影（collective shadow）的部分，可以说这一部分是绝大多数人长期共同感受到的“恶”，在内部认知这些，非常困难。这种具有普遍性的阴影意象，自古以来由恶魔、鬼、妖怪等等担当，出现在各个国家的民间传说故事中。用心读这些故事，可以加深理解我们人类一直以来都是如何看待自己的阴影，如何感受到它，如何处理这些问题的。关于这个问题的详细分析，日后我们有机会另起篇幅，这里仅简单地强调一下其重要性。可能有人会觉得在人造卫星飞上天空的时代，再谈传说故事、恶魔等等，简直像是穿越了时空，不识时务。但笔者不是讨论恶魔是否真实存在，而是关注产生这种心像的心理现象。这一点请务必不要混淆。比如说，现在很少有人害怕非科学的恶魔和幽灵（不能说完全没有），但这绝不意味着我们内心不合理的阴影就完全消失了。作为替代，现在的人们开始患癌症恐惧症。科学合理地生活着的人，一点肚子痛就怀疑自己得了胃癌，害怕去看医生，或者对医生的判断疑神疑鬼，成日坐立不安。这样的例子随处可见。很明显，关于癌症本身，科学已经能够证明很多，但人对癌症产生的恐惧中极大的比重是非科学的。现在的人们把不合理的恐惧落实到科学的对象上，让人感觉自己的恐惧很现代，但其实跟古往今来害怕恶魔的人类心性没有什么差别。我们没有资格嘲笑传统故事中的主人公。当然，癌症实际存在，而且是很令人恐惧的存在，我们需要竭尽全力予以应对。但这与非合理性的癌症恐惧症还是不一样的。

接着，我们再来比较一下日本和西方的不同。感觉上，好像日本人比起西方人要更加能够领会阴影的魅力。笔者在为时不长的经历中，讲到在“阴影”中发现“光明”、在整合“恶”的努力中产生“善”的经验时，西洋人多表现出迷惑不解的态度，或者极力反对。有些还会因为知道这样的事例，像是有了重大发现一样，欢喜无比。而我当面对日本人讲述同样的事情，得到的反馈经常会是理所当然的认可。西方基督教引导的鲜明的善恶判断、合理主义导致的明确的思考方式，都会造成意识极力地排斥阴影部分，因而西方人在整合阴影的课题面前裹足不前。东方人，对阴阳调和、否极泰来等心理现象的复杂性有着丰富的知识，自古以来就经历着具有各种各样阴影的人生。

参考文献：

（1）我们可以举出在日本已广为人知的 Herbert Read、Paul Tillich、Arnold Toynbee 以及神学家柯列尼等的例子，他们均接受了荣格的思想并将其应用于各自的学术领域。还有一些著作，在简单介绍荣格思想的基础上，分析了它与其他学科的关联性和社会意义。可参考：Progoff, I., *Jung's Psychology and its Social Meaning*. Grove Press, 1953.

（2）Neumann, E., *The Great Mother*. Routledge & Kegan Paul, 1955, p. 170.

（3）同上，p. 124 和 p. 106。照片引自同著作。可以认为是日本的地母神像的土偶也多有漩涡状纹样。

（4）Jung, C. G., *Mind and Earth*. C. W. 10, p. 32.

（5）本例发表于第三次日本精神病理・精神疗法学会"精神疗法的技法与理论"研讨会，是说明荣格派特征的示例。登载于《精神医学》杂志第九卷七号，1967 年。对事例感兴趣的读者可参考。

事例中的少年通过六次面谈治疗，开始回学校上学，并且一直坚持了下去。事例家庭中少年的父亲罹患精神病，形象比较软弱，这成为很多学校恐惧症儿童比较明显的特征，与家庭中力量强大的原型性母亲形象形成对应。

（6）Jung, C. G., *The Structure of the Psyche*. C. W. 8,

pp. 151 - 152.

（7）同上，pp. 150 - 151。

（8）Jung, C. G., *Archetypes of the Collective Unconscious*. C. W. 9, I, p. 4.

（9）Jung, C. G., *Instinct and the Unconscious*. C. W. 8, p. 133.

（10）关于神话的思想，柯列尼在一本书序言中有过论述，详见：Jung, C. G. & Kerényi, C., *Essays on a Science of Mythology*. Harper & Row, 1949.

（11）Jung, C. G., *The Structure of the Psyche*. C. W. 8, p. 154.

（12）Jung & Kerényi，同（10），p. 7。

（13）Jung, C. G., *Two Essays on Analytical Psychology*. C. W. 7, pp. 236 - 237.

（14）Thigpen, C. & Cleckley, H., *The Three Faces of Eve*, MacGraw-Hill, 1957.

（15）斯蒂文森，《化身博士》（*Dr. Jekyll & Mr. Hyde*）。

第六章

意象与象征[1]

前一章讲到，我们无法直接知道原型本身究竟是什么，但可以通过把握原型对意识作用的效果来探知原始意象。从这个观点出发，荣格非常重视研究心灵内部的意象(image, Bild)及其活动的意义。意象，存在于意识与无意识的相互关系中，成为每一瞬间无意识以及意识领域心理状况的集约表现，因而读懂意象是非常有意义的事情。荣格一贯很注重意识和无意识的互补作用以及外界与内部的微妙呼应关系，理所当然，他肯定非常重视意象的研究。研究意象，必然要延伸到“象征”(symbol)的研究。荣格把象征与简单的符号(sign)区分开来，强调象征具有创造性意义，从这一点我们能够感受到荣格心理学的不同之处。也可以说，着眼并致力于意象和象征领域的研究，是荣格心理学显著的特征。这一章，我们重点说明意象及象征，在解释具有荣格心理学特征的内容的同时，也为至今未曾接触这种思想的读者搭建一个通向该研究领域的桥梁。

1. 意象

荣格所说的意象，基本上不具有一般意义上外部客体样式的意义。反倒可以说意象是基于心灵内部的活动，是与外部现实世界之间只有间接联系的无意识层面的产物。无论如何，意象只能是心灵内部的像，是有别于外部事实，且仅被特定的个人所接受的内容，因而也不同于幻觉、幻影等。幻觉是把内部的意象误当作外部事实而产生混乱的一种病态，意象并不具有类似混乱和病态的性质。通常，意象看上去不具有被“外部和现实”认可的价值，但对具体的个人来说往往有非常重要的内部价值，是一种和外部现实有着微妙关联的存在。下边我们从具象性、集约性和直接性几个方面来讨论意象的意义。

内部意象处于形成明确理念之前的阶段，或者可以认为意象是生发理念的母胎。我们在有意识地思考时，各种各样的概念会成为思考的要素，思考的过程也就是组合这些要素的过程。同时概念本身将某种意象作为自己的母胎，通过该意象母胎间接地与无意识层面建立关系。概念层面的规则和无意识层面的秩序犬牙交错，并不具有统一性，因而生出许多问题。

如图 9 所示，在意识领域属于完全不同范畴的概念，对应到意象的世界里，分类完全被打乱，重新集约成为父亲像或者母亲像。在意识的世界，概念作为思考对象的分类，属性明确,秩序井然。进入到意象的世界,属性变为情感/感觉机能的对象,用意识世界的分类观点来看,完全一片混沌。意象世界的分类破坏了意识世界的时间、空间秩序,以某种意象的形式得以具象化,与现实世界的概念相互交错。在这个世界里有时甚至排中律[1]都可以被忽略,也就是说在这个世界里,类似于"部分相等,那么全体就相等"这样不合理的规则是行得通的。因此,不相等的事物时常被认为是等同的,比如说,母亲、漩涡、壶作为相同的事物存在。而且,作为这种不合理的意象更加高层理念的母胎确实存在,某一种思想有可能以这样具象化的形象出现,被活生生地表达出来。比如说第三章第四节的扑克牌的梦中,当事人手上的牌里边一张红桃(心)都没有。这种非常具体的形象对做梦的人来说,形成了思考人生时所需的素材,并且生动地传达出了当事人的现状。

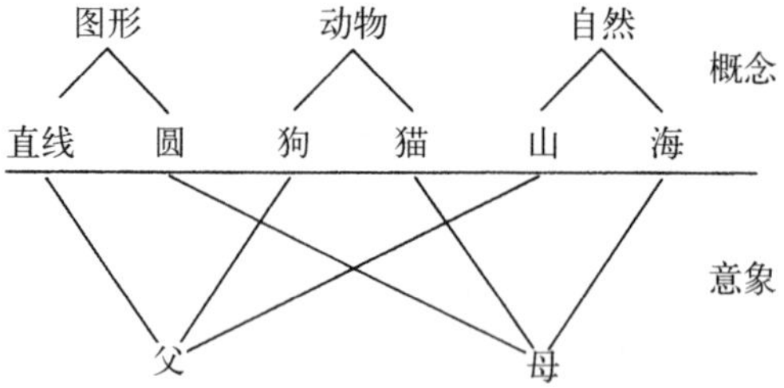

图 9

1 排中律:Law of excluded middle,同一个思维过程中,两个互相矛盾的思想不能同假。

意象世界的表现过于具象化,反倒增加了一般大众的理解难度。因为形象太具体,注意力都被吸引过去,而忽略了事态真实的意义。意象有点像站在数学的另一个极端。数学过于抽象的表达方式使很多人无法理解深处的含义与具体事物的联系,因而产生畏惧之感。意象的世界同样让人难以接受,但跟数学不同的地方在于,大家不是感觉到难懂,而是经常觉得不可置信。但正是这样看上去没个正经样子的意象,如果在其形成过程中集聚了足够的心理能量,就可能成为破坏意识世界概念组织的强大力量。比如说,人的内心一直有着威严恐怖的父亲像,那么在社会上遇到的地位比自己高的人总是会和内心的父亲像重叠,这样很难建立起和谐的人际关系。我们如果有机会实际遇到神经症的当事人就会明白,仅仅对事物做出合理的解释是多么苍白无力。面对着有社交恐惧症的人,再怎么极力说明“人没什么可怕的”,也毫无作用。这时候,与其在当事人合理的判断能力、概念的统合性上找问题,我们或许更应该聚焦在现象背后的意象世界。现实中,这样的感触很多。这里我们能够明确地感受到第一章中讲到的“扩展视野”的意义。可以说,相对于概念的世界,心理治疗师的特殊任务就是在充满了非合理性的意象世界里寻求答案。这意味着心理治疗师通过自己主体的参与,与患者共同体验意象的世界,认识意象世界的意义,为了意象世界内部的分化和统一而努力。

除了上述的具象化，意象的集约性也增加了意象世界的理解难度。心灵内部的意象是具象的，但并不单纯，是各种各样素材的复合体，且有着自身独立的意义。用荣格的话来讲，意象“是心灵整体的集约表现”(2)。并不是说意象代表了无意识的全部内容，而是在适当的时机形成的一种布局(momentarily constellatted)，表现为意象。这种布局，一方面是无意识的产物，另一方面也依存于当时的意识状态。作为例子，我们来看一下第五章第三节中脸红恐惧症的梦。当事人觉得梦中给人难堪的老师和自己家里当军人的伯父很像。自己的爸爸也是军人气质，但妈妈喜爱文学和音乐。当事人的性格很像妈妈，经常受到爸爸的严厉斥责，所以从小特别怕爸爸。到了服兵役的时候，理所当然成绩很差，在军队中遭受不少凄惨的待遇。母亲的家族中多出艺术家，爸爸家族里有伯父这样的军人，实在让当事人难以释怀。梦中的数学课也是一个关键点。当事人虽说在学校里很多科目成绩都不错，但数学却是自己的短板，解不出题很丢人。梦中同学们都在嘲笑自己，与自己的名字比较奇怪，平常总是被同学讥讽有着关联。回想起来，也就是这时候自己开始动不动就脸红。本人实在讨厌自己的名字，可爸爸还觉得挺值得骄傲，真让人难堪。咨询过程中，当事人慢慢讲出了自己过往生活中的秘密，话题就这么朝着深处发展下去。

细节我们就省略了，借这个例子能够看到，很多事象是怎么样被浓缩后以意象的形式表现出来的。梦中数学老师的刁难、不擅长数学的自卑、同学的讥讽，都和过去的生活有着密切的联系，形象地传达出现时点的心态。像图10中所示那样，一位数学老师的形象不仅仅表达了数学老师这一个人，同时凝聚了恐惧、厌恶、自卑等情感，和自己内心的父亲、伯父、军人、同学以及数学等密切相关。我们这里简单地罗列了一下本人通过梦联想到的事情，读者应该也能意识到一个梦是可以这样引出很多重要的事情的。说是梦引出来的，其实是当事人从梦境联想到的众多事象在本人内心形成了一个布局，通过梦把它活灵活现地表现出来。

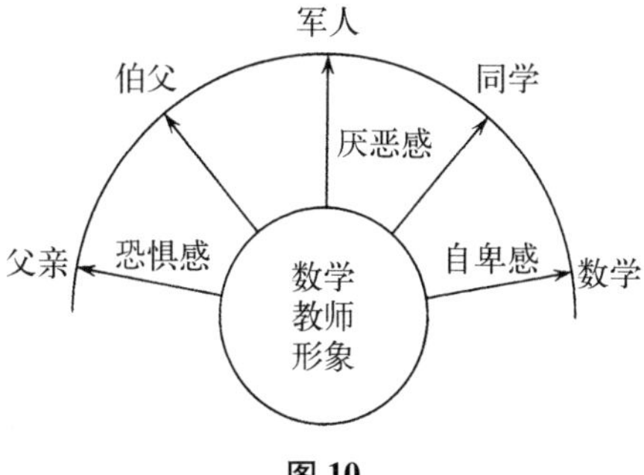

图10

我们已经解释了意象的具象性和集约性，下边来谈一谈意象的直接性。前边讲到过一个打扑克牌的梦，当时只是简单地指出了当事人作为劣势机能的情感机能问题。这种场合，如果我们忽视梦的分析，仅仅指出问题、提出忠告，“你的思维机能很出色，但太不在意情感机能了，以后要注意多发展自己的情感机能”，事情会怎么样发展呢？前边已经多次重复强调了，心理治疗不是指出患者的缺点，给出建议。现实中，指出别人的缺点往往非常容易，但作为一个有志于心理治疗的人，不能局限于对缺点的知识层面的认识，而是要有能力把握场面中触及心灵的体验。现实中，对当事人来说，玩弄“情感”“思维”等文字游戏，远不如梦中“手上的一副牌中一张红桃（心）都没有”所表现的意象来得印象深刻，这是我们能够直接获得重大信息的来源。意象的表达形式之丰富，触及心灵的力量之强大，都是令人惊叹的。意象具有这样直接的意义，也是它的一个强大优势。从知识方面入手讲道理，可能很难触及人的心灵深处，而直接的体验常常成为促人心动的根本力量。

意象有这种强大的力量，但缺乏明确的规律，且具有多义性，难以理解，往往令人无所适从。因此我们需要努力从意象直接得到的内容中剥离其具象性，赋予意象明确的意义，使之提炼升华到更高级的理念层面。如果我们只关心明确的概念，忘记背后与意象的密切关联，概念就成为没有水浇灌的植物，总有一天会枯死掉的。反过来，被意象强烈的直接性吓倒，疏忽了提炼升华概念的努力，终究会成为意象的俘虏。就像用刚砍伐下来的湿木材盖房子一样，慢慢到处变形，房子也不成为房子。关于这两者的关系，荣格曾说道，“理念的特征在于其明确性（clarity），原始意象的特征在于其生命力（vitality）”[3]，真是名言。这里荣格指的是原始意象,可以说这种倾向比我们目前讨论的意象更加强烈。

原始意象力量更加强大,具有普遍的意义。个人意象当然也是存在的,并且和本人的无意识有着密切的联系。意象难以理解的另一个原因在于个性。首先我们能够说的是,意象对当事人本人来说,意义非常直接,感觉非常强烈,但又非常难以向外人传达。我们在做梦的分析时,时常感叹梦中的情形真是非常贴切地表达了当事人的状况。对有些很微妙的情形,治疗师和患者会有心灵相通的感觉,有时会不由自主地一起大笑不止,但想把这感觉传达给其他人,却经常让人困惑,不知该从哪儿说起。自己感动得不得了的事情,说给别人听,人家一脸迷茫:这人在说什么傻话呢?比如说刚才我们讲到的扑克牌的梦、数学老师的梦,都具有很强烈的个人性质,我自己心里也很不安:没准儿读者中也会有人觉得傻乎乎的。但反过来说到意象的直接性,对体验过其强烈冲击力的人来说,会感觉到试图“解释”这些的努力,都不过是剥夺意象生命力的小聪明。例如,笔者在前述的梦中谈到情感机能、父亲像等等,都可以说是画蛇添足吧。实际上,梦试图传达的意义,既包含了我说的这些,又远远不止这些,均以强烈的方式一股脑地传达给做梦的人。在了解到意象的各种意义、性质的情况下,即使我们只能捕捉出其中一部分概念的形式,用不完全的方式讲述意象,笔者还是认可这样做的意义,因而在前边做了很多解释。无论如何,意象归属于个人的色彩如此强烈,使得它成为一个难以理解的事象。能了解到这一点,也是有意义的。

这样,我们讲明白了理解意象的困难之处的同时,也强调了意象的重要性。最后还想重述一下,意象与产生新生事物的创造性有着千丝万缕的联系。有关这一点,结合下一节的象征,一并讨论可能比较合适。

2. 象征及其创造性

前一节,我们主要讲述了意象具有的生命力,并指出意象是产生新事物的母胎。最能够显著地体现其创造性一面的是象征。荣格严格地把象征与符号、标识等区分开来。按照荣格的思想,一种表现方式如果用来代替已知的事物,或者是已知事物的简称,那么就不能称其为象征,只能是符号。相对而言,象征不单纯是已知事物的代用品,而应该成为在意欲表述某种程度的未知事物时产生的最优方式,意味着再不能够找到更合适的表现形式。比如荣格举的例子讲到[4],把十字架当作上帝之爱的象征,可以说是一种符号性的说明。如果十字架的意义能用"上帝的爱"这个词完整地表达的话,那么,就没必要用十字架这种还有其他含义的物体来表现。所以,只能说十字架是一种符号性的表达。

但是如果认为十字架是到目前为止并没有得到过任何认知的超越性的事物,除此之外再也找不到更合适的表达方式,那么,十字架就成为一种象征性的事物。从这个意义来看,弗洛伊德提倡的梦中的性象征,如果仅仅因为形状比较长而把它看作是男性性器的表现,比起"象征"的意义,"符号"似乎是更贴切的表达。作为翔实地表现了"象征"和"符号"的差异的例子,我们可以考察一下哑剧和手势哑谜游戏等。哑剧的名人马歇·

马叟[1]能够在舞台上活灵活现地演绎出人的一生——两三分钟的时间，表现出人从出生一刻到成长、死亡的过程——给观众带来深刻的冲击和感动。但仅仅用姿势、手势来模仿的话，大多数常人也很容易做到。手脚并用在地上爬、走、拄个拐杖，然后躺地上死去，给谁看，都能明白在说人的一生。但细想想，这不过是人的一生的“符号”性的表达，谈不上人生的象征。马叟的演绎，充满了人一生的悲欢、内心流淌的形形色色的思绪和情感，这些集约在短短的两三分钟内，直诉胸臆，给场内所有的观众带来了深深的感动。我们不得不承认只有马叟能够表达到这样的层次，这早已无法用符号替代，是马叟通过自己的人格才能做到的象征性表现。

这里，我们讨论了十字架和马歇·马叟的演技，但不可忽略一个重要的事实：对某一个人可能具有象征意义的内容，对另一个人来说没准儿就毫无价值。换句话说，一个事物究竟有没有象征意义，很大程度上取决于接受方的态度。比如说，在初期基督教时代，十字架作为活生生的象征，具有的难以表达的神秘含义被众多信徒内在化。随着时代的流逝，十字架慢慢被看作是标示基督教信徒的一个符号，甚至对毫无关系的人来说，可能不过是两根组合起来的毫无

1 马歇·马叟：Marcel Marceau，1923—2007，法国哑剧艺术家，被誉为“哑剧之神”“沉默的诗人”。

意义的直线。这有些像艺术，一个艺术品对某一个特定的人来说具有不可替代的意义，另一个人可能就看不出任何意思。像这样，象征与接受方的态度息息相关，因而，试图汲取事物象征意义的人，总是需要对每一件事物背后未知的可能性持开放态度，这是必要条件。

下边，想给大家看几张幼儿园孩子的画，这些画可以说是意象和象征的绝妙例子。借用这些画，我们来做进一步的说明。彩色印刷的五幅画（卷首，图Ⅰ—Ⅴ）是六岁的女孩子平常在幼儿园画的画(5)，跟心理治疗没有关系，完全是在日常场景中不受任何限制完成的，小女孩儿想画什么就自由地画什么。笔者到这个幼儿园去，偶然看到了其中第Ⅱ幅画，内心深受感动：左边的家和右边的一群蜗牛之间耸立着严格区分两者的高山。大家都知道，幼儿在发育过程中，经历第一次反抗期，获得一定程度的身体自由。随后到了六岁左右，又再次倾向更高层次的自立。之前在家庭内找到自己安居场所的孩子，到了这个年龄，开始向往进入社会。这时候，无论男孩女孩，都会把父亲当作一个模范，渐渐完成自立的行程。再来看看这张画，蜗牛和家是分离的，简直就像是为了把这两种东西分开，中间拔地而起一座高山。在山上画的两棵树，也是意味深长。两棵树能让我们感受到强烈的成长力和向外延伸的生命力(6)。笔者看到这幅画想到，之前或许还会有表现出自己安住的家庭内部温暖感觉的画。于是笔者请幼儿园的老师帮助，找出来在这幅画前不久女孩画的第Ⅰ幅画。与图Ⅱ相比,这幅画给人的第一印象是画面整体非常温暖,画中央红色的蜗牛安心地住在家里。但左边很多蜗牛均用冷色调来表达,或许预示了后边将要发生的蜗牛与家庭的分离。和第Ⅰ幅画基本在同一时期画的还有粉色蜗牛住在家里,旁边有一些奶油色的小蜗牛,基调都很暖。但画面里还是有一部分被绿色框住,甚至有些地方什么都没画,留着空白部分,是否可以说同样一定程度暗示着将来会发生的分离呢?

无论如何,第Ⅱ幅画冲破第Ⅰ幅画中表现出的安稳状态,出现了力量,实在让人惊叹。这种强烈的分离之后,毫无疑问还需要再次整合的努力。这个过程反映在Ⅲ、Ⅳ、Ⅴ三幅画中。这三幅画中能够看到的共同点在于图的左右分割的主题。这些基本上原样继承了图Ⅱ的分离力量,我们可以在图中感受到认可分离力量前提下的整合努力。在纵向分割的基础上,试图构成一个具有整合性画面的努力,可以从图Ⅳ采用的鸟瞰式构图中看出,这可以说是最适合的形式吧。图Ⅲ看上去也有着鸟瞰图的特点,中央一条大道,路边有街树,右边是家,左边有人。女孩儿画着画着,中间出现一棵大树,使得这幅画又像是普通视点的画,混乱中,这幅画画不下去了,右侧被涂掉了不少,内容渐渐消失。尽力在整合,却难以简单地成就其过程,图Ⅲ形象地表现出再次整合的困难。而图Ⅳ则用花田的鸟瞰图展现了一种绝妙的表现方式。当然,这里说的“绝妙”是从心理学意义的观点出发，与画的艺术性没有任何关系。说到一幅画的美术意义，我完全是门外汉，没资格发表什么意见。但与前边的蜗牛的画相比，我还是能感觉到后边的画变得更接近几何图形，作为画来说，失去了趣味性。或许只能这样吧，既要容许纵向分割，又要构造出一幅具有整体性的画，对幼儿来说具有相当的难度。所以，女孩儿一定程度上牺牲了绘画的表现力，用形式化的手段完成了高难度的任务。

就像最后这幅画的画面分成的四部分那样，在表达整合性的时候，经常会产生“四”的主题的现象(7)。图 11 引用了荣格著作中一位成人患者的画(8)。

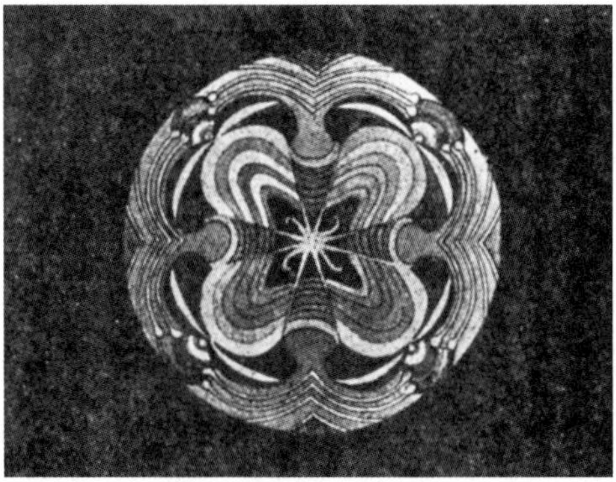

图 11[1]

这幅画中也能看到非常清晰的“四”的主题的表达。虽

1　图片来源于日文原著。——编者注

然幼儿与成人的绘画在精密程度上无法相比，即使这样，依然可以在孩子的画中感受到整合的努力结出的果实。好像为了让过于几何图形化因而缺乏感情动线的第Ⅳ幅图透一口气似的，第Ⅴ幅画呈现出了生动活泼的发展过程。这幅画中，左边是女孩儿，右边是家，中央是棵大树，家用红色包围，女孩儿则在绿色丛中。这幅画跟以前的画一样，同样在表现分离，但让笔者感到非常欣慰的是画在大树上的孩子。前边提到过，树经常用来表达生长的意义，世界各地流传的从树里边出生的孩子、被遗弃到树下的婴儿等传说故事，最直白地讲述着从生长的象征——树——中诞生出新生命的主题。孩子，具有某种新的意义，是可以带来很高价值的不可思议的东西。

孩子出现在树上，借用荣格的表达方式，恰恰象征着英雄的诞生、儿童原型（child archetype）的出现。这种原型性的儿童，正是为了促使处于分离状态的家和人（前边表现为蜗牛）再次整合而出现的英雄。除此之外，找不到别的解释。或者可以说，以几何性较强的图Ⅳ为基础，原型性的孩子带来了强烈的生命力。像这样，新事物的产生经常以原型性的孩子形象表达出来，荣格和柯列尼在合著[9]中明确地表达了这一重要事实。柯列尼在著作中极力强调神话里儿童神的重要性：儿童神比起成人神，并不缺少重要性，也不欠缺含义，甚至需要特别强调在代表“新的可能性的出现”方面具有更深刻的意义。荣格明确了这种原型性儿童的意义，但指出对于内心产生的“未知的新的可能性”，其神秘性以及超越了一般理解的体验，使得新生儿诞生的话题往往以荒诞的形式表现出来。比如桃子里生出来的英雄，从竹子里诞生的绝世美女，在日本可以说家喻户晓吧。还有，被鸟儿扔在树上，在树里边出生的孩子等等，都具有这样的意义。

基于这种观点，笔者对画面中出现在树上的孩子感到非常欣喜，可以说这表达了新的整合的可能性。但幼儿园的老师解释说这是描绘格林童话《杰克和豌豆》的画，听老师讲杰克和豌豆的故事以后，孩子画了这幅画。画中左边看上去像女孩儿一样的人是杰克的妈妈，树上的孩子是豌豆树上的杰克。看到这里，读者中或许会有人觉得“什么呀，说了半天原来不过是这么回事”。就像《徒然草》中，吉田上人看到反方向放着的石狮子，不知道是孩子们调皮故意放错，心想一定有着深奥的由来，呜咽不止。读者看我在这里滔滔不绝地讲原型性儿童的诞生，肯定把我也当作吉田上人的同类吧。但我还是真心认为，杰克和豌豆树的故事恰巧在适当的时候出现，给这位女孩儿的内心状态提供了富有生命力的表达方式。

在刚才说到寓言故事时提到的桃太郎的诞生，也同样具有丰富的适合表达内心状态的意象。时常给孩子们讲童话故事、寓言等，意义正在这里。这样，孩子听了杰克和豌豆树的故事以后，完全不受任何约束地在自由活动的时间里画出这样的画。从这个事实可以推测到,故事中的意象准确地捕捉到孩子当时的内心活动。更加令人深思的是,看了同一时间其他孩子们的画,也都是在当中画着朝天上伸展的豌豆树以及爬豌豆树的杰克,几乎没有人画"杰克与巨人作战"的话题(有的甚至在大树边上画着小小的巨人,和冲天的豌豆巨树形成鲜明的对照)。刚才我们在画的说明中也提到,向着天空不停地长呀长的豌豆树以及不停地向上攀登的杰克,这类意象对这个年龄段的孩子们来说无疑具有特别的吸引力。再看这个女孩儿之后的一些画,中间画着一棵大树,旁边有四只动物等等。这些画基本上仍旧持续着中央一棵大树的主题,但已经不是把一幅画生生地切成两半,因而画的整体中生硬的对称性也消失了。能看得出来"四"这个数字依然延续下来,但动物的位置等等变化更多,不是以前那种僵硬的构图,画的整体性也呈现出来。我们这里省略了后边的这些画,但经过上边的说明,从这五幅画中应该也能看到女孩儿内心发展的过程。

特别是,笔者从第Ⅱ幅画中感受到孩子为了走向自立所表现出来的力量,以及伴随而来的分离不安(蜗牛被从家里赶出来了),因此向幼儿园老师询问了一下当时女孩儿的情况。幼儿园老师想起来,正好是在画这幅画的前后一段时间,女孩儿看上去非常乖,整天文文静静的,却不知为什么反倒总是被班里调皮的男孩子欺负。老师站出来阻止男孩子们的时候,男孩子们却说她最近很嚣张,要教训教训她。在大人们的眼里很文静的乖孩子,孩子们看上去却是“嚣张的”,这一点很发人深省。可以推测,同年龄的孩子们或许在某一点觉察到女孩子内心发生的如此强烈的自立意向,因而产生了抵制行为。

我们以一个幼儿园孩子的画为例做了说明。如果不仅用反映孩子内心发展过程的意象来看待这些画,还能感受到画中包含的某种未知的可能性在向我们的心灵诉说。而且如果对这个孩子来说,找不到其他更合适的方式来表达内心的变化历程,那么可以认为这些画是具有象征意义的创造性表现。这一系列的画,把家和孩子当作对立的事物展现出来,并且向着再次整合的目标而努力。像画的特征所表现的那样,象征总是具有对立事物的统合性。而且,随着对立事物数量的增加,各种事物之间的关系越来越微妙,统合性上升到更高一层,象征的构造就会愈加复杂,其创造性也愈加高涨。因为象征具有具象性,我们把最原始的层面当作母胎的同时,并不能满足于平庸的、传统的事物,需要更加高度分化的精神机能。通过这样的象征,我们内心存在的合理的事物及不合理的事物、内向的东西和外向的东西以及思维机能和情感机能等获得了更高层次的统合。而这些象征性的表达会出现在我们创造性的工作当中。比如说在浮世绘中,画家直观把握对象的本质,但又绝不超出对事物外部的表现(甚至可以说是写实的),从中,我们能够感受到画家绝妙的感觉机能与直觉能力的统合。再来看一下卡拉扬的指挥，你无法不感觉到他那紧闭的双眼对着自己内心世界开放，有着深厚的内倾志向；反过来，又简直像是特意做给听众看一样，华丽的动作不断地向外扩展。外向性和内向性两个完全相反的特性，就这么完美地统合在卡拉扬这个人物当中，形成象征性的表现。实际上，如果世界上存在着只依赖思考且完全无视情感的哲学家，或者感觉机能非常发达却缺乏直觉机能的音乐家，我们可以承认其正确性，但无法感受到他们的创造力。

有关象征形成的过程，我们再来看看荣格是怎么说的。前边已经做过说明，象征的特点包含着对立物。因而在象征出现之前，一定有着如下的体验：意识到有两个相反的倾向，对于这两个完全相反的对立物，我们无法简单地选择站在哪一边。面对这样的窘境，单纯彻底地压抑某一方，看上去易行，但自我却从来不会这样简单地解决问题，总是跟命题和反命题的双方都有着不解之缘。这时候，因为双方的对立，自我无法向着某一个方向行动，不得不品尝着停滞状态的滋味。从而导致以前持续地维持着自我机能工作的心理能量从自我领域退行到无意识范围内，也就是说心理能量回归其源泉，开始诱发无意识的活动。

这里说的过于抽象，可能不容易理解。下面试着具体、简单地描述一下。比如说一位以思维机能为优势机能的思想家，日常总是依靠自己的思维能力归纳自己的思想并且表达出来。但某一天他突然觉得自己的思考非常乏味，缺乏关键的重要因素,这就意味着以往被忽视的情感机能开始活动,在秩序井然的思维形式中追加情感之火成为不可回避的人生课题。一般来说,思想家如果还能够压抑住自己内心无意识的情感活动,继续往常的思考,可能不会出大问题,但思考或许就欠缺了创造性。反过来,如果他忠实于自己内心的情感活动,并且不抛弃自己以往就具有的优势思维机能,思维和情感的对立、纠缠将会阻挠他继续思考,使他陷入困境。这时候心理能量退行回流到无意识世界,表现出来的行为就像是放弃了有意义的思考、耽于无谓的空想之中不能自拔,时不时地有一种幼儿式的行动或者冲动。也有可能,当事人根本就静不下心来工作,自己也搞不清楚到底想干什么,每日为自己的迷茫而焦虑、烦躁。这种退行现象比较强烈,自我实在难以忍受时,会出现一种引人注目的向对立面转化的现象,所谓“物极必反,相反相成”(enantiodromia),态度出现一百八十度转向。但这种过程仅仅是态度的逆转,不伴随任何创造性的变化。比如说思维型的人突然变得非常感情用事,内向的人突然做出具有强烈外向型特征的行为,这只能说从一个极端到另一个极端变化得比较激烈,却难以找出其创造性意义。

与这种现象形成对比的是,在发生了强烈的心理能量退行的情况下,自我弱化了原有机能后,还能忍耐变化持续运行。这样,无意识内的倾向和自我的作用超越了单纯的命题和反命题而出现了具有统合意义的意象。这样形成的高度统合性超越以往的立场因而具有创造性的内容，这就是象征。通过这个象征退行到无意识领域的心理能量再次开始前行，注入自我，使得自我获得新的能量开始活动。荣格非常重视人所具有的形成象征的能力，称其为“超越功能”（transcendent function）[10]。这时候，纠结于这个功能究竟属于思维，还是直觉等等，已经没什么意义了。超越功能具有合成多种机能带来的复杂性，不仅超越了某一种特定的机能，还意味着它甚至包含了完全对立的机能在内。我们论述的象征形成的过程等同于创造过程，在这里能找到荣格所说的无意识层面的肯定性和创造性的源泉，因而，也需要非常重视退行性行为具有的积极一面。相对而言，弗洛伊德认为无意识是所有被自我所压抑、排斥的内容之集合，退行现象永恒地代表着病态。在这方面，两人观点不同。荣格针对退行现象，首先区分是已经到达病态的标准还是属于正常行为范围，认为创造性的人生必然需要正常范围内的退行行为。当然，荣格是在承认无意识的破坏性和丑恶一面的基础上，寻求其成为建设性源泉的可能。荣格的这种基本态度成为他与弗洛伊德诀别的一个重要原因[11]。

伴随着象征的形成，一直处于退行状态的心理能量开始往建设性的方向流淌，这一点前边已经讲过。荣格指出这种心理能量的变容来自象征及宗教仪式，找出了象征及宗教仪式的高度心理学意义。我们的意识体系由明确的概念构成,本身就具有整体性,但为了充满活力地持续发展,意识还必须与心灵深处建立联系,构成坚实的基础。这么看来,意象是来自心灵深层部分向着自我诉说的语言,可以认为基于此我们才能保持与心灵深层的联系。因此,意象的内容具有高度的统合性和创造性。任何其他事物难以替代,因而作为唯一的表现出现的事物,均可以称其为象征。神经症患者当中,能发现有不少人断绝了自我与无意识之间的创造性互动关系,还有一些人就是不能够理解我们刚才讲到的这些意象的意义,以至于引起了概念世界里的混乱,威胁到实际生活中自我的统合性。从事心理治疗的人日常面对着这种症状,研究意象、象征就成为非常重要的工作内容。不能简单地把象征看作是某一种东西的替代物,要发现其中蕴含的未知的可能性,时常注视着当事人发展的动向,这是治疗师在治疗现场至关重要的态度,不可懈怠。一个象征经常既包含着对过去的洞察,也表现出面对未来的志向,现实当中经常能遇到这样的例子。

觉察到意象和象征对心理治疗的重要性后,荣格开始致力研究远古时产生的、后来又失传的宗教仪式及象征的意义。他在给这些古老的事物赋予新意的同时,更看到了每个人内心产生的象征的意义。

3. 心理治疗中意象的意义

前一节我们讲到了心理治疗过程中意象和象征的重要性,这里我们用实际例子来做具体的说明。例如第五章中讲到的患学校恐惧症的孩子,以梦中出现的“肉的漩涡”意象为中心,我们可以辨别出分布在其周围的壶、软弱的父亲及作为替代的母亲、强势的太母等原型。治疗师在深入理解了这些原型意义的前提下,与少年就此深入交谈,慢慢地找到了通向解决问题的道路。但是,意象并不一定总是与梦相关,为了能理清楚在通常的心理治疗现场意象的重要性,我们下边举一个其他治疗师介绍的实例。

第一个是智力障碍儿童的游戏治疗的实例(12)。七岁十一个月的男童,发育年龄只有一岁九个月,成长过程非常迟缓。当然他无法与其他同龄孩子一起玩耍,只能一直闷在家里过着孤独的生活。在给这个孩子进行游戏治疗的过程中,到第七次,发生了一件令治疗师心动的事情。这个孩子在游戏治疗的现场,一直重复着如下行为:用绳子缠在玩具熊的脖子上,拖着玩具熊走一阵子,再把绳子解开。治疗师当时并没有明确理解这重复行为的意义,但内心还是受到震动,留下了很深的印象。治疗师事后把这个情况告诉了一直跟孩子妈妈对话的心理咨询师,才知道,妈妈也说到最近家里不知道从哪里来了一条走迷路的小狗,孩子非常高兴地在喂养这条小狗。有一天,妈妈外出回来,狗不见了。

妈妈说:“小狗不见了,得赶紧出去找。”但留在家里的智力障碍的孩子说不用找了。妈妈觉得很奇怪,后来才了解到这是附近邻居的狗,迷路了走到自己家里来。终于狗主人找来了,让把狗还回去。当时一个人守在家里的孩子理解了狗主人的话,自己把心爱的小狗狗牵来,一边哭一边把链子解开,还给了原来的主人。这件事情让妈妈非常吃惊,也非常高兴。至今为止,基本上不怎么会说话的孩子,能够理解邻居的意思,而且能把自己那么喜欢的小狗还给原来的主人。孩子完成这么一项伟大的任务,妈妈的喜悦可想而知。当然,这样的喜悦也传达给了治疗师。

可以说终于做成一件“大事”的孩子在治疗现场一遍又一遍地还原、再现当时的场景,就是为了向治疗师表达事情的经过。但事情仅仅如此吗?这个游戏只有这么一个意义吗?笔者在孩子的一再重复的行为中,看到的不仅是要向治疗师讲述事情过程的意图,还看到了生动地表现出来的一个主题——解除束缚。向治疗师询问了一下,当时这个孩子身上有没有发生什么跟“解除束缚”有关的事情,治疗师说起,因为智能障碍,孩子的母亲一直尽量把他放在家里,不带他出门,孩子就像是活在某种囚禁状态下。后来,孩子经常要到这里来做治疗,不得不出门。妈妈的想法有所转变,同时孩子也在成长,慢慢地妈妈开始不怎么限制孩子外出,他也就有机会很高兴地跟外人接触。正好在这个时候,发生了前边所说的游戏治疗现场的行为。这样,我们就理清楚了孩子给熊玩具解开绳索的游戏(几乎可以称其为仪式)的意义。把这个游戏当作孩子内心产生的意象,能够感受到从关起门的家里挣脱了束缚被解放出来的强烈印象。从意象的多义性来看,游戏不仅表达了这一个意思,其中还包含了把心爱的小狗还回去的悲伤,以及能跟邻居对等地交流、能控制住自己的悲伤还回小狗的成就感,各种各样复杂的情感都凝聚在一个游戏里,集中表达了出来。所以,它一定有着与之前的游戏不同的感染力,治疗师才能在这个游戏中感觉到心动,留下深刻的印象。这样,在现场一对一的治疗过程中,全力以赴地较量时产生的联系两者之间的深层感情交流,实在是不可思议,而且总是令人感动不已。进一步来看,作为两者间心灵交流的中介,意象形式的表达也是具有深刻意义的。想想例子中的孩子发育年龄只有一岁九个月,表达出来的内容实在令人惊讶。确实,现实中,笔者经常能感觉到,意象形式的表达深度常常无关乎智能、年龄。

像这样在游戏的场面中,游戏生动地表现出孩子内心的世界。不把孩子的行为当作单纯的游戏,敏锐地观察到意象表达出的内容,治疗师才能够感触到背后蕴含的可能性,进一步将潜在的可能性引导出来。治疗师对意象的世界敞开心怀,用这种眼光看待孩子,在与孩子接触的过程中,游戏内容渐渐变得意义深刻后,从中可以发现贯穿始终的主题。主题当然会随着孩子遇到的问题类型、所处的境遇而有所不同，但经常可以读出离家出走、在家庭内部寻求自己可以安住的位置、一直压抑着的攻击性的整合（参考第四章洁癖的例子）等各种类型的主题。如果治疗师能够理解到这一层面，对把握治疗过程的走向、增加治疗过程的稳定性都会起到很重要的作用[(13)]。

能感受到意象意义的场面并不局限于游戏治疗法，在一般的心理咨询现场，意象同样具有重要的意义。举一个年轻女性的例子[(14)]。这位女性在心理咨询时讲到表妹生孩子，自己去帮忙时的事情。她不怎么说自己的烦恼，一直在说表妹在以为已经无法生育快要绝望的时候有了这个孩子，高兴得不得了，自己去帮忙，看到婴儿觉得真是可爱。接着还是表妹的话题，她就表妹的性格谈论了很多，接着说自己一直认为节约、俭朴是一种美德，可是这个表妹花起钱来一点不在乎。但看到表妹遇到喜欢的东西，在想要的时候毫不犹豫地买下来以后高兴的样子，想想有时候浪费一下也挺好的。她一直就这么说表妹的事情。如果只在表层听她讲话，或许会觉得她怎么一点儿不说自己的问题，话题怎么总是不离表妹，甚至可能觉得她只是为了回避自己的问题才这么滔滔不绝地讲别人的事情。但是，如果把这些当作意象的表现来看，或许能察觉到表妹可能正是这位女性的阴影（参见前一章阴影的说明，当然，仅仅看这里简单的叙述可能比较难以想象，听到这位女性具体讲的话，会非常清楚地感受到这一点）。看着这位女性这么长时间热心地谈论表妹的性格,能感觉到表妹的形象在她心中占据的位置有多么重要。以前她一直觉得“浪费”是绝对的恶习,但通过观察表妹的生活细节,从表妹的行为中也发现了有益的一面。前边我们讨论过意象的具象性,这里,通过表妹这个具体的形象,女性讲述着对自己的阴影的洞察结果。比起当事人单纯地思考“过于节约也不太好”,这样的洞察伴随着更深层次的体验和理解。实际上,头脑中理性地理解一件事情经常出乎意料地简单,但这种层面的理解往往也不具备促进行为改变的力量。大家都知道,对着神经症的患者,苦口婆心地教育、讲道理、说服,基本上是没什么效果的。但通过活生生的意象体验到的东西却能触动自己的内心。比如说从意象的立场来听例子中的女性述说,就会发现一个有趣的事实。她自己非常动情地说到表妹在几乎对生育绝望的情况下却喜出望外地迎来了孩子的诞生。希望大家能回忆一下我们在上一节中说到孩子诞生的原型性意义,一般来说孩子的诞生总是意味着出现了新的可能性。遵循这个思路,再去听当事人的叙述,我们可以感受到她在讲述“以浪费恶习为代表的自己的阴影,她从未意料到阴影中也可以诞生新的可能性(没想到表妹还能生出孩子),阴影中诞生了新的可能性的现实(表妹的孩子诞生了,发现了表妹性格中好的一面)”等内容。在心理治疗的现场,我们作为治疗师经常可以体验到例子中讲到的实际发生的事情和意象世界之间不可思议的呼应现象。如果治疗师能经常抱着这样的态度倾听当事人的叙述，从很多看上去跟当事人没有什么关系的故事当中，就能感受到当事人在努力地表达自己内心深处的问题。

我们说到的治疗师以意象表现来听取当事人的叙述，或者外部事象和内心世界的呼应性，都是在指立足于这种观点时的有效性，并没有"这些观点绝对是必要的""这就是绝对的事实"等含义。比如例子中，说"表妹生孩子的事实，表现出了当事人整合阴影部分的新的发展可能性"，或者说"因为表妹生了孩子，所以当事人具有了新的可能性"，都是荒诞无稽的。我们并不是在说因果关系的推理可以成立，而是在说在倾听当事人叙述外部事象时，感受到叙述的内容与其内心世界有着呼应关系。只是表达了"这种观察方法可以成立"的想法，仅此而已。基于上述观点，治疗师在现场要非常慎重地选择自己的词语。可以说"在认为已经没有可能生孩子，不可能有新的事物出现时，出现了新的事物"，也可以说"有着浪费习惯的人，也可以产生新的事物"。最重要的是，治疗师不能把听到外部事象时内心浮现的内容不做任何提炼以原始状态全盘托出，需要找到一种既可以成为内心世界的表现也能够成为外部事象描写的、居于两者之间的表达方式。在当事人对此能做出呼应的范围内，治疗师引导话题向深处发展。说到底，无论治疗师怎样把表妹生孩子的叙述看作意象的表现，当事人本身对此毫无共鸣的情形也经常会遇到。不考虑到这一点，治疗师自己兴致勃勃，无视对方的反应，自说自话，终究也只是把理论解释强加到别人头上，不具有任何治疗的意义。在实际的治疗现场，治疗师对当事人的深入了解（比如说例子中的表妹意味着当事人的阴影），感受到当事人在叙述过程中呈现出的感情波动等等，都会提高治疗师对状况判断的准确性。前边讲到的游戏疗法中，孩子给熊玩具解开绳索的动作一定有什么能够打动治疗师的东西，才使得治疗师在现场没有放过这个信号。心理治疗师，要永远保持着对当事人和自己的情感变动的敏锐性。治疗师以这样的态度面对当事人，在当事人的叙述中感觉到其内心世界的表现内容时，通过兼顾内部与外部的表达方式来探索前边的路径。当事人对治疗师的表述没有反应时，暂时放下不谈，当事人但凡有一些呼应时，顺着其呼应渐渐深化表达。这样，治疗过程方可渐渐深入。

像这两个例子所显示的那样，治疗过程中，当事人把实际发生的事情通过游戏再现或者用语言叙述，通过与治疗师的内心交流，促进自己用意象世界里具有意义的体验在自己的心灵深处构筑更加坚实的基础。柯列尼认为神话的作用不是单纯的说明，而是为了构筑事物的基础。这个观点正好适用于这里讲到的内容（参见第五章第二节）。实际上，“用个人的体验在心灵深处构建基础”是心理治疗过程中非常重要的事项，心理治疗师自然会感受到具有这样功效的意象和象征的重要意义。刚才举的两个例子发生在游戏疗法和心理咨询的现场,但现实中,梦的世界才真正是意识和无意识交错的地方,可以称为意象和象征的宝库。笔者非常能够理解荣格为什么倾注了大量心血在梦的研究中。有关梦的分析,我们在下一章做一些详细讨论。

参考文献:

(1) 这一章以及后续章节讲到的意象和象征均遵循荣格的思想,与一般的说法相当不同。多数场合讲到的"image"指对外界事物的感觉在没有外界事物刺激的情况下的再现,或者称为二次感觉。关于象征,也因学者所持观点不同而不同。一般来说多指某种更高维度的思考、事象以其他形象或事物的表达或者代理,有时包含了荣格定义的符号。有关荣格的思想,本章中都有详细论述。

(2) Jung, C. G., *Psychological Types*. Routledge & Kegan Paul, 1921, p. 555.

(3) 同上,p. 560。

(4) 同上,p. 601。

(5) 天理市、丹波市幼儿园儿童的画。这个幼儿园不限制幼儿的行动,给孩子们自由活动空间,孩子们想画画的时候可以按自己的意愿尽情地画。我想可能正因为这样,这里展示出的几幅画才能够表达出如此丰富的内心世界。

(6) 正像类似"生命之树"(Lebensbaum)这些词所表达的那样,树经常被当作成长的象征。这里的"两棵树"的数字"二",通常既表达了"纠葛",也说明"距离意识比较近"(near to consciousness)。非常契合这个例子。

(7) 荣格不止一次讲到"四"具有"完整数"的意义。关于这一点,荣格有非常详细的论述,详见:Jung, C. G., *The phenomenology of the spirit in Fairytales*. C. W. 9. I, pp. 207 - 254.

(8) Jung, C. G., *A Study in the Process of Individuation*. C. W.

9. I.

（9） Jung, C. G. & Kerényi, C., *Essays on a Science of Mythology*. Harper & Row, 1949, pp. 67 - 91.

（10） Jung, C. G., *Transcendent Function*. C. W. 9, pp. 67 - 91.

（11） 关于这一点，近期自我心理学者中有人强调的“为了自我的退行”（regression in the service of the ego）的思想，与荣格所述创造性所需要的退行现象表现出同样的过程。仅从这一点来看，现在的荣格派和弗洛伊德派比以前的更加接近了。

（12） 这是京都大学教育学部研究生院的东山纮久的治疗实例。

（13） 因为孩子们容易将自己的心像以更加整体的形式表现出来，治疗师也更容易看出其中的意义，笔者近来在游戏疗法中并用“箱庭疗法”（Sand Play Technique，也称为沙盘疗法）。最新的研究成果，与京都市心理咨询中心的职员共同发表在该中心 1967 年的“研究纪要 2”，有兴趣的读者可以参考。其中，在大谷的实例报告中讲到孩子玩超人和怪兽斗争的游戏，途中超人失败死去被埋进地下，然后又活过来打败了怪兽。这也是在游戏中戏剧性地完成了“死和重生”的过程，随后，孩子的症状也渐渐好转。“死和重生”的主题在第七章的最后还会讲到，确实非常重要。

（14） 这是京都市心理咨询中心中村良之助的治疗实例，和前边的东山的例子一样，都非常珍贵。对他们允许我在此使用这些治疗事例，深表感谢。

第七章

梦的分析

梦，以及梦的分析，是形成荣格派心理分析学说核心的重要事项。可现实中比较尴尬的是，一说起“梦的重要性”，可能会立刻引起很多人的反感：非科学，像近现代未开化之前糊弄人的东西一样，听上去就傻乎乎的。人们经常把一些稀奇古怪、不可实现的愿望贬称为“白日梦”，这就是一例吧。在我们身处的心理治疗现场，正是要把这样非现实的梦作为一种“现实”，应用到治疗过程中。但说实话，稍不谨慎就会游走于现实和非现实的边缘地带，面临跌入万丈深渊的险境。不过，回忆一下我们从第一章到第六章，洋洋洒洒地说了那么多，应该可以说已经为踏进危险的“梦的分析”领域做了一些准备工作吧。我想，能坚持读到这里的读者，应该可以把前边的内容当作进一步阅读的线索，不再会感觉到研究梦是一件荒诞无稽的事情，一定能够理解本章的内容。在类似“大白天说梦话”的表达当中，我们能感受到对梦的否定态度，但也有“年轻人一定要有梦想”这样对梦持肯定态度的说法。这两种态度恰好表达出了梦的两面性。

无论东西，自古以来就有梦的故事。在日本，以《古事记》中很多有关梦的故事为代表，古老的叙事故事中到处都能看到梦的记录[(1)]。这些故事以外，自古以来人们如何解释梦、如何研究梦，也同样是令人感兴趣的领域。实际上，在这些梦的故事中，我们同样可以挖掘出有益的智慧，限于篇幅，这方面的内容就略去不谈了。另外，梦的生理学研究，近年也渐渐盛行，人们发现了不少有意思的现象，这些也只能省略[2]。在这里，我们主要以荣格的立场来探讨一下梦的心理学方面的意义。

在讨论梦的分析之前，我们先引用一段尼采说的话[3]，通常认为这段话体现了对梦的重要性的认识。

> 人，无论是谁，在创造梦的世界方面都是完美无缺的艺术家。梦的世界中的美丽形象是一切造型艺术的前提。……梦的世界中我们享受着对物体形状的直接理解，一切形态都向我们诉说着，不存在任何无意义、不必要的事物。

1. 梦的意义

最早是弗洛伊德明确地指出梦的重要性。在1900年出版的《梦的解析》中,弗洛伊德在总结了大量的梦及其解析例子的基础上指出:梦实际上是“某种受到压抑的愿望的伪满足状态”。其后,比起梦的解析,弗洛伊德更加重视心理治疗现场的自由联想方式。荣格则重视梦的意义,认为梦是治疗现场的重要手段,发展了梦的研究成果。现在,我们不纠结于梦的讨论,先来看一个具体例子吧。这是一位28岁独身女性的梦。

梦境:一个很大的家,像是宾馆一样。有很多人在里边住着。一个男的被杀了,杀人的人又被不晓得什么人杀了,同样的模式接连重复发生了几次。我从自己的房间往窗外看去,河流的水溢出来,在房子周围流淌,一直漫到远处的大路上。我知道谁会是最终的杀人者,把这个答案告诉了在我房间里的陌生男人。我一边告诉他这个答案,一边感受到深深的疲劳和悲伤,忍不住喊了出来:“你就当我什么都不知道好了!”然后陌生男人说“你既然并不想惩罚杀人者,为什么把他的名字说出来呢?现在再说就当自己什么都不知道,已经晚了”等等。我辩解说自己很怕杀人者,在跟陌生人争论的过程中,最终的杀人者用自己的刀自杀了。

读者即使不了解任何背景也能够感受到这个梦境的瘆人气氛吧。做这个梦的女性可以说是典型的思维型。一次笔者问她:“那么你有什么感觉呢?”她回答说:“我也不知道。我可以思考,但没法感觉。”她的思维型特点就强烈到这种程度。与这位女性现实生活中极端稀缺的情感表现相比,梦中出现的场景构成了鲜明的对照。从这个梦开始联想,并结合到目前为止对梦的分析结果,女性认识到梦中拿着日本刀的杀人者代表了潜藏在自己思维机能背后的意象,并感受到意象力量之强大及其危险性。这里,我们可以回忆一下在第三章中讲到的思维和情感机能的对立性,以及前一章中讲到的意象表现的直接性、具象性。这里特别希望大家能够注意到,自己心灵内部的某种机能或情结以具象化,特别是人格化(personify)的意象形式出现的现象。梦中会有例子中这样强烈的意象出现,但并不总是这样,有时候梦的表现会非常幽默。下边的例子是这位女性十天前的梦,虽说跟上边讲的梦一样,也表现出与她平时占绝对优势的思维型生活方式形成的鲜明对照,但可以留意到梦传达出的意蕴又别具一格。

梦境:电话响了。我接听电话,但对方声音很小,听不懂在说什么。我又问了一遍,听到轻微的声音在嘟囔着:“这里是幽灵协会。”我告诉他,自己根本不相信幽灵什么的,对方说:“你有没有读过最新一期的幽灵新闻？啊，不过你嘛，只要有一枝削得尖尖的铅笔就行了。”气得我回答他：“不管怎么说，我既不相信幽灵也讨厌尖尖的铅笔！”他还想说下去，我把电话挂断了。

这个梦与前边的有着同样的主题，但表达方式不是那么惨烈，一种幽灵协会打来电话的幽默气氛弥漫其中。梦的开始是电话铃响了，非常有启示意义。我们在做游戏治疗时，当事人不想直接跟治疗师接触，但又产生了接触的意愿时，经常会尝试通过电话建立联系。梦中的情形有着完全相同的意义。这显示出想与当事人建立联系的某种东西（例子中可以说是被强力压抑着的情感机能）还没有达到能直接与自我接触的地步，但已经在试图不管通过什么方式先联系起来再说。电话对方的声音很小难以辨别，则明确表达了建立联系的困难程度。发现对方是“幽灵协会”时，当事人毫不客气地攻击：“根本不相信幽灵。”思维机能占绝对优势、一直合理地度过自己人生的当事人对幽灵满心不屑，很可以理解。可是敌方也不是好对付的，马上还击：“你读过最新一期的幽灵新闻吗？”好像只要有幽灵新闻，就可以证明幽灵的存在一样。这说法确实抓住了问题的要点。也就是说，幽灵发现了思维型女性的逻辑体系主干多数基于报纸上登载的报道（或者说人世间普遍认可的主流观点），削得尖尖的铅笔则形象地表达出女性日常使用的“武器”。她用尖尖的铅笔写出来的观点，往往带着一种对异性的威胁。但是,女性面对幽灵的嘲弄非常生气,"既不相信幽灵""也讨厌尖尖的铅笔"等等,发泄一通,挂了电话。梦的最后阶段,这个平常主要依赖思维机能的女性表现出情感型的发作,意义深刻。幽灵一伙可能对女性说出"讨厌削尖的铅笔"感到比较满意,暂时不再重新打电话进来纠缠。梦中,对话的对手是幽灵,说明了建立联系的困难程度。包括最后的场面,当事人生气地切断电话,都让人感觉到我们的工作——帮助当事人发展她的情感机能——还是相当艰巨的。放下这些不谈,至少可以说这个梦相当生动地给我们传达出女性当时的心理状态。

从这些例子中可以看到,梦对人们的生活有着不可估量的意义。简单地归纳一下,可以说相对于意识,梦是以某种意象的形式表达出的无意识状态的自画像。通过研究这种显性表现出来的意象,我们能够了解到自己的无意识状态,并深入探讨它对意识的意义。在执行这项任务时,第三章中讲到的意识和无意识的互补性就非常重要了,下一节会详细讨论这一点。作为意识和无意识的相互作用,出现在梦中的内容具有非常深刻的意义,与前一章讲到的意象的意义有着密切关系。我们来解释一下概念与意象的差异。意象的意义在于赋予概念以生命力,并为概念构筑了基础。这一点,梦也有着完全相同的功效,它让我们的意识体系/自我与内心建立起更深刻的密切联系,并形成坚实的基础。这些认识,基于我们每一天的经验积累。在日常工作中找到梦的意义,认识到梦中伴随的情感,以及当事人在现实生活中因缺乏体验而中断的事物时常会出现在梦境中的事实,都说明了这一点。比如说前边的幽灵协会的梦,在做这个梦那天睡之前,当事人接到表妹的电话,表妹津津乐道地讲自己丈夫的琐事,听得她心烦意乱,无言以对。当事人愤愤然:“没完没了地炫耀自己的丈夫,多傻。我真做不出这种事。”说得确实不错,她的观点可以说是正确的。但很多女性就是这样,有的时候就是想唠叨下自家丈夫的事情,电话拿起来说个没完。对这种行为感到极度气愤,未免有些过头了。她自己在日常生活中很少能像表妹这样开放地表达自己的情感,总是压抑着情感的涌动,理性地生活着。因此,她的自我对表妹的啰唆电话特别不耐烦,但内心深处又何尝没对表妹那样直率的情感表达产生共鸣呢?因此,那一晚迫不及待入梦的正是来自幽灵协会的电话。

弗洛伊德引用的阿纳托尔·法朗士[1]的名言可以说是一种非常直接的表达。“入夜,我们在梦中见到的是白昼被我们忽略掉的东西的可怜残渣。梦,时常是遭我们轻蔑的事实的复仇,是被我们抛弃的人们的谴责。”(见《红百合花》)(4)当然,不像这里说得这么绝对,梦不能简单地说成是“遭轻蔑的事实的复仇”。应该说,梦将崭新的体验整合进

---

1 阿纳托尔·法朗士:Anatole France,1844—1924,法国诗人、作家,1921年获诺贝尔文学奖。

自我、组织进意识体系当中去，进一步，还要在更加深入的层面打好基础。为此，梦不可或缺。像刚才的例子显示的那样，有自我的外部体验引出的梦境，也有内在力量非常强大的梦。说明一直处于发展状态的自我，不仅从外部世界，同时还从自己的内部不断地发现新的可能性。这时候，比起个人的实际体验，更多的是当事人内心的状况、原型性的意象以梦的形式出现。自我把通过梦得到的内心状况整合进来，得到不断的发展。当然，现实当中我们并不刻意去区分梦的来源，而是把梦视为内在心灵与外界联系的接点，也就是说，认为梦具有消化外部事物的功效，并且能将内部事物向外展开，梦就是这样相互作用的结果。这么想应该比较妥当吧。

我们可以举出不少在梦中找到了创作的灵感，或者在梦中有了重大发现的例子，能够直截了当地说明梦作为意识和无意识相互作用的结果所起到的积极作用。比如说，塔蒂尼[1]作曲的《魔鬼的颤音》，据称是他在梦中听到魔鬼拉的小提琴曲，醒来后记录下来的；斯蒂文森的《化身博士》也来自梦境的启示。众所周知的凯库勒[2]发现苯环的过程[(5)]，也说明梦中的意象对科学研究的发现起到了积极作用。凯库勒在思考中入睡，梦中看到一条蛇吞咬着自己的尾巴形

1 塔蒂尼：Giuseppe Tartini，1692—1770，意大利巴洛克时期作曲家。

2 凯库勒：Friedrich Kekule，1829—1896，德国有机化学家。

成一个圆环,由此受到启发完成了苯环结构。蛇咬着自己的尾巴的意象称为衔尾蛇,自古就被用作一种象征[6]。结合这一点来看,非常令人深思。这种具有普遍性的意象出现在凯库勒的梦中,启发了他的研究,他因而发现了苯环结构。

意象所具有的创造性我们在上一节里已有所表述,同时意象的具象性在这个例子里也得到了生动的表现。梦中,抽象的事物获得了具象化的表达方式。从刚才的例子中可以看到,一直起着压抑自己情感作用的思维机能被表现为杀人犯,建立直接关系的困难性被表达为通过电话难以听清楚的对话,梦中这些抽象概念都得到了具象化。还有,新的想法出现时经常会在梦中表现为新生儿诞生,两人间的关系表现为两个人在梦中做传球游戏。意象的特征在很多梦中都得到体现:相似的东西合为一体,部分代表了整体,两个相关事物错位出现等。这些,很多都与原始部落人类和幼儿的心性有着共同点,研究原始部落人群的心性能够丰富梦的分析的知识,反过来掌握了关于梦的丰富知识,在孩子们的游戏治疗过程中也会得到很多帮助。比如说由梦中电话的情形,我们可以联想到游戏治疗过程中电话的意义,在听当事人讲述投球的梦时,应该有人可以回忆起第四章第三节中游戏治疗时投球的重要意义。为游戏疗法准备的道具中,球类和电话是必备物品。现实中,人们的梦中经常会有投球的场景出现。“我把球传出去了,可是对方实在太没水平了,怎么都接不好”,听着这样的梦境叙述,心理分析师或许该反省一下,上次咨询的时候自己的“接球”水平是不是太差了。患者的梦境经常详实地反映出了现实中的尴尬。要理解出现在梦境中的意象的意义,经常是很困难的。但是一旦体会到其含义,则不由得为其生动的表现力和准确性叹服不已。正像尼采所说的:“在创造梦的世界时,无论是谁,都是完美的艺术家。”

有关梦的素材,或者说源泉,弗洛伊德在《梦的解析》中做了相当详细的论述,荣格也有过系统的考察(7)。这些素材包含了外界的刺激、身体感觉、心理体验、被意识忘却但又遗留在潜在记忆中的事物等等内容。现在做梦的分析时通常聚焦在心理方面,这里就省略不谈了。但是,前边讲到的神话之所以成立的缘由,也可以适用于梦。第五章中讲到神话成立的源泉时,我们说到背后存在着关联的自然现象,但仅仅有这一方面是不够的,神话之所以成为神话,人的内心世界是另一方面的重要原因。当然还有一些外界刺激,比如说闹钟的铃声在梦中变成了陌生男性来访时的门铃声,但闹钟并不是梦的全部原因。仔细想想就能明白,闹钟的铃声为什么在梦中没有成为电话的铃声,或者干脆就是闹钟的铃声,而偏偏就是陌生来访者的门铃声呢?这时候的外界刺激并不能够回答这个问题。确实,作为外界刺激的闹钟铃声成为一个契机,但我们真正要思考下去的是被唤醒的意象本身的意义。不过现实中能理解到这地步还需要一段路程。刚开始进行梦的分析的当事人,经常会以为自己明白了什么。梦见游泳,就想起来,“对了,肯定是因为我从卧室里冲出来了”;梦见失火了,就说,“明白了,昨天在电视上看到的”。我们不否认外部刺激有时会成为一个诱发因素,甚至可以说,这样的外部刺激经常会作用到分布在比较接近意识范围的情结,因而产生了相应的意象。但归根结底,应该重视的是意象本身,而不是外部刺激因素。现实中,经常会有一个长长的梦,在梦正要终结时,一个恰到好处的外部刺激叠加上来。这种情形正好形象地说明了这一点。弗洛伊德列举过很多类似的例子,刚才说到闹钟,那我们就举一个闹钟的例子吧。这是弗洛伊德讲的实例[8]。

> 梦境:春天的早上,我在散步,穿过萌绿的原野走到了邻村。邻村的人都打扮得很漂亮,抱着赞美诗集。大家三三两两地朝着教会走去。对了,今天是星期天。马上就要开始早上的礼拜了吧。我也想去参加礼拜,但是走得浑身发热,去礼拜之前先到教堂边上的墓地凉快一下。我看到好多好多墓碑,读着这些碑文时,听到教堂敲钟人登上钟楼的脚步声。钟楼的顶部能看到村里教堂为礼拜开始而敲的小钟。等了一会儿,钟静止着,没有一点声响。然后钟开始晃了起来,突然,一阵清冽的钟声传来。钟声非常响亮,我醒了过来。梦中听成是教堂钟声的,原来是闹钟的铃声。

我想,肯定没有人傻乎乎地认为这个人就是为了让钟声跟自己设的闹钟铃声碰巧能合到一起,才做了这么长一个梦。那么,很长的一个梦的终结之处正好与外界的刺激合上拍,又该怎么解释呢？我们来试试用图12做一个说明。

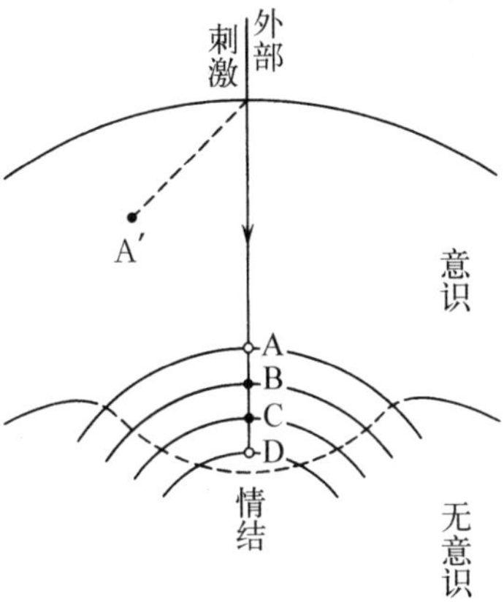

图12

人处于觉醒状态时,情结被压抑在意识的下边。睡眠中,意识和无意识之间的界限变弱,情结的活动开始活跃。这时候的外界刺激,比如说闹钟的铃声响了,处于活动状态的情结中能够对应闹钟铃声的意象D——梦中教会的钟声——受到激发。与此几乎同时,形成该情结的表象群(春天的散步、邻村人漂亮的服装、教会墓地的墓志铭等)得以意识化,然后醒来。在觉醒的过程中以及醒来以后,这些意象群由自我按时间顺序、合理性等原则重新串起来,形成了当事人讲述的具有完整故事性的梦境。如果处于觉醒状态，情结被压抑在无意识领域内，外部刺激立刻就被感知为意识领域的 A′点，也就是闹钟的铃声，不会发生任何问题。按照这样的思路想下来，就可以领会到情结的构造非常复杂，在其核心之外包裹着层层的表象群。很多实验也验证了梦中的时间和实际时间之间存在着很大的差异，比如说在很短的时间里做了一个延绵不断的长梦。无意识世界的不受时间约束的性质（timeless），比如一年的时间一瞬间就过去了、过去和现在混为一谈等等都是梦中的常见现象，说明了情结内相邻的意象 A 和 B，并不意味着时间上也是相邻的。这里，我们把意象 A、B、C 和 D 都归为同一情结，但实际上梦中经常会有更复杂的情况出现，各种不同的情结盘根错节，纠缠在一起难以理顺。刚才例子中谈到的是外部刺激，还有白天经历的事情当中，也会有跟情结内的意象关联性比较强的或者能够刺激到情结中的情感的，这时候，它们与外部刺激一样，沿着同样的路径出现在梦中。简单说来，外部刺激等被称为梦的源泉的东西，是形成梦的某一种条件，但绝不是梦的全部。我们关注的重点更应该集中在形成梦的其他条件——做梦的人的心理状态。

2. 梦的功能

像前一节中已经指出的那样，梦的最大意义在于对意识的补偿功能。但，梦也并不永远只限于补偿，很多情况下我们甚至能感受到它的破坏性。梦，是当时的意识状态与对应的无意识状态的相互作用产生的结果，当无意识的心理过程过于强大，力量失去平衡时，补偿的意义就越来越淡薄了。在这些前提下，荣格尝试着对梦的功能做一定的分类[9]。现实当中的梦，很少有像下边的分类那么单纯、明了的，多数情况下意义并不明确，各种类型缠绕在一起。但为了能有一个方向性的指针，分类还是有意义的。

(1) 单纯补偿型

这类梦的主要功能在于补偿意识的态度，或者补偿现实生活中意识的实际体验不足，以及意识未完成的部分，因而比较容易理解。一直过度贬低自己智力的人，梦中"在检测智商时得到很高的结果，大吃一惊"，就是典型例子。可以引用一个荣格举的例子来说明一下[10]。荣格在为一位女患者做分析，一直难以进展，这时荣格做了一个梦，梦中患者待在一个高高山丘上的城堡上边，荣格需要极力地仰起头来才能看清患者的样子。荣格做了这样一个"仰视患者"的梦以后，觉察到自己是不是无意中太低看了患者。荣格把这个想法告诉患者，两人就此交谈、沟通后，心理分析的场面境况大大好转。尼采讲到苏格拉底的梦应该也属于这一类[11]。苏格拉底在牢狱中跟朋友谈到，在他的梦中，枕边时不时地会出现一个幻影，跟他说："苏格拉底啊，投身音乐吧。"苏格拉底一直认为自己的哲学思考是至高无上的，音乐这种低俗、大众性的东西从来不入他的法眼。可以说梦的出现就是为了补偿他现实中意识层面的片面性。尼采介绍道：苏格拉底按照梦的指引，改变了以往的态度，为献给阿波罗的颂歌作词。

（2）展望型(prospective dream)

梦超出了单纯的补偿领域，带着对遥远将来的一种计划的意义而出现。也就是通常说的展望吧。刚才提到的苏格拉底的梦，与其说是单纯的补偿，不如说更接近于这一类型。苏格拉底一直根本没有将音乐放在眼中，可以认为梦为他提示了从事音乐这样一个有效的规划。当我们一些片面的意识态度过于僵化、根本找不到解决问题的头绪时，这时候做这样的梦，真让人觉得梦给我们提示了一种解决问题的方案。比如说，有一位学者在自己的研究陷入困境，总是看不到出路时，梦中很流利地说着自己本来说不了几句的德语，跟德国人交谈甚欢。这位学者以前从来没想到要去德国，受到梦的启发，终于下决心到德国去留学。虽说例子中的学者受梦的启示，现实中选择了去德国，但展望型的梦还是要与下边要讲的预知梦区别开来。我们后边会详细讲到，预知梦指的是梦中相当多的细节会和现实一致，而展望型的梦，却不拘泥于细节，其意义往往在于提示了一个大致的规划。

做了展望性的梦,以为就可以按照梦来决定自己的未来行动,则是一种非常危险的想法。看前边的例子中,“因为”做了用德语交谈的梦,“所以”决定去德国留学,这样的做法也太欠考虑了。梦给我们提供了一种规划,规划尚未转化为行动时那就只是停留在规划的阶段。到目前为止,我们已经多次强调了意识和无意识之间相互作用的重要性,在这种情况下,仅仅有梦还是不够的,更重要的是需要意识参与进来,按照梦提出来的方向持续不断地努力。就算是梦中用流利的德语在跟别人沟通,真正走到去德国留学这一步,学习德语等意识层面的不懈努力是必不可少的。以梦中的见解、规划为出发点,在意识领域坚持努力、点滴积累,努力着的意识态度也会对无意识的动向产生反向的补偿作用。这样,意识与无意识之间持续地互相作用,才有可能成就荣格所说的“自性实现”。站在意识的立场上,一眼看上去,梦中提示的规划经常显得荒诞、鲁莽,或者出乎意料。正因为这样,通过意识领域的努力,当规划渐渐变得成熟、具有现实感的时候,我们会有一种“梦的告知得以实现”的感觉。但是,如果在这个延长线上,当事人从此开始对“梦的告知”抱有不切实际的信仰,忽略了意识层面的努力,那么“梦的告知”魔力就会失效。对于展望型梦,我们举了梦中说德语的例子,但通常并不能把梦中的情况直接应用到现实世界。梦到了孩子出生,不能直接联系到现实生活中马上就会怀孕，否则，简直就成为荒唐无稽的“梦的信徒”。这也是我们一再强调梦的解析伴随着危险的原因。如果在最初进行梦的分析时就遇到印象非常深刻的展望型的梦（或者后续会讲到的预知梦），被强烈的印象打动，这时不加以小心，极有可能失去自己合理的判断力，成为一个“梦的信徒”。在梦中看到的事情，充其量不过是内部现实和外部现实微妙地纠缠在一起共同产生的意象，只能以这个观点来看待梦。类似“孩子要出生了”的意象，无论是新的感情诞生，还是会构筑起新的人际关系，都要仔细地对照当事人的意识状态，缜密地研究之后，才有可能对这种意象究竟表达了什么做出结论，绝不能简单地引申为“你要生孩子了”。

梦具有展望型的含义，在心理治疗的现场某种程度会对治疗的走向给出预测，具有重要的意义。所以，即使不能通过梦来做诊断，但倾听梦的内容，也会在诊断或制定治疗方针的过程中得到有力的帮助。特别是，治疗初期最早显示出的梦被称为初始梦，初始梦经常会呈现出一种对治疗的全过程有着先见之明的展望意义，值得特别重视。初始梦的重要性同样得到了弗洛伊德的认可[(12)]。但在现实中，即使不是严格意义上的第一次的梦，治疗初期，也经常会得到具有浓厚展望意义的梦。心理咨询的现场，患者找不到解决苦恼的线索，完全失去希望，甚至治疗师也渐渐要放弃努力的时候，预示着光明未来的展望梦时常成为双方的精神支柱,使得治疗能够坚持下去直至走向成功。在黑暗的现实中做着光明未来的梦,连患者自己都经常会惊讶不已,但这梦确实给漆黑的世界带来了一线光明。

(3) 逆向补偿(reductive or negatively compensation)

我们也可以称这类梦为否定性补偿,拖意识态度的后腿。当意识态度过度感觉良好、过度高昂时,起到泼冷水的效果。下边我们用荣格举的例子来解释一下(13)。这是某个青年做的梦。

梦境:父亲开着新车离开家。他开车的水平真差劲。我实在难以理解父亲这么愚蠢的行为。父亲开着车一会儿晃到左边,一会儿晃到右边,往前开开又退回来,净是些危险动作。最后到底还是撞到墙上,车也撞坏了。我实在气愤,对着父亲大喊大叫:你不好好开车,多危险!但父亲只是傻傻地笑着,烂醉如泥。

询问做这个梦的青年,我们了解到现实中他的父亲绝对不是能干得出这种傻事的人,甚至可以说跟梦中的形象是两个极端。而且他的父亲是一个极为成功的人士,青年非常尊敬自己的父亲,父子间的关系也很圆满。这样我们就能够明白,青年对父亲有着相当正面的情感,而梦中表现出的场景完全与现实背离,是非常典型的逆向补偿。

关于逆向补偿梦的功能,弗洛伊德给出了具有卓见的研究成果[14]。如果套用一下弗洛伊德的方法,可以解释为,表面看上去很圆满的父子关系的背后,青年的心中具有梦中所描述的鄙视愚蠢父亲的愿望,这个愿望长期受到压抑,梦恰巧可以让隐藏的愿望得到满足。然后,或许事情就会发展为对青年宣告的一个严厉的解释:"你和父亲的关系表面上看着很美满,但实际上梦中显示出来的才是父子关系的真实面目。"这样,青年没准儿会沉溺于回顾历史,把精力都花在努力去翻找曾经引起自己憎恨父亲的琐事上;或者,因为自己从心底敬爱的父亲被治疗师这么贬低一通,实在气不过,以后再也不来了。同样的情形,荣格的主张则是,无论如何我们要尊重青年跟父亲的关系非常融洽的现实,不能去伤害或者肆意破坏青年尊敬父亲的态度。分析家应该抱着尊重现实的态度去看待这个梦。这时候需要思考的是,现实既然是这样,那么为什么青年做了这样一个有损父亲形象的梦呢?我们不能为了解释清楚为什么(why?)就极力在青年过去的生活史中翻检能够对应得上的事实,而是要尽力思考这个梦的出现究竟有着什么意图(for what?)。实际上,在没有伤害青年对自己父亲的感情的情况下,做梦的当事人从梦中发现自己对父亲的感情过于圆满的事实掩盖了自己独立性不足的缺陷,事事过于依赖父亲。也就是从梦里试图贬低父亲的意图中,找到了不诋毁父亲,通过自己的努力向上改善对父亲的过度依赖关系、增加自己主体性的解决方案。通过这个梦的例子可以看出,逆向补偿的梦,表面上看起来具有否定的一面,但恰当地理解梦的意义,我们同样能够找到建设性的指导意义。弗洛伊德的“愿望满足”和荣格提倡的“补偿作用”,应该说没有本质性的区别,但感觉的微妙差异还是存在的。当然,我们在后边还会讲到,荣格并没有把梦的功能都归结为补偿作用。说到补偿,弗洛伊德也关注到了我们这个例子中说明的逆向补偿。这一点非常重要。

看上去像是在贬低意识态度的逆向补偿的梦,却带来了具有建设性意义的结局。在意识的片面性过于强烈时,比起建设性的补偿意义,梦时常更倾向于预测到意识僵硬的一面可能会诱发的整体崩溃。这就是所谓的警告梦(warning dream)。荣格曾经举过一个同事登山遇难的例子(15)。荣格有一位非常爱登山的同事,某天做了一个梦,他去登山,越过峰顶以后,一直登上天。荣格警告他千万不要一个人进山,并且还特意叮嘱他的向导。但这个同事完全无视他的忠告,独自进山,从岩壁摔下,遇难。这时候的梦,只能说早已超越了补偿梦的框架。对于在从事登山运动的过程中开始自我膨胀的人,梦并没有直接拉低他对登山的态度,而是用翻过山顶一直登上天这样非现实的场景向他警示狂妄的危险性。反过来,如果在现实生活中已经吓破胆的人,是不是就会做一个非常愉快的梦呢?现实好像不一定是这样,有时甚至会反过来做更加痛苦的梦,正像是屋漏偏逢连阴雨一样。通过这样的梦,清醒地认识到自己目前的艰难状态、继而奋发,梦或许能够成为我们找到突破口的契机。还要再提一句,登山的梦,似乎也可以看成预见到做梦的人后来遇难的展望梦,但荣格比较强调展望梦应具有某种建设意义的展望,因而登山的梦不能归入此类。逆补偿的梦往往也有预见性的一面,但总是好像在预测一个很负面的结果。无论如何,(1)至(3)都有着某种补偿的功能,下边说的就很缺乏补偿性了。

(4) 无意识心理过程描写

我们说过梦是意识和无意识相互作用而产生的。在无意识心理过程活动比较剧烈时,有时梦就像是无意识的自主发现一样,很难在其中找到对意识的补偿意义。这些内容可以在精神病患者和原始部落人群的所谓“大梦”(big dream)中找到。普通人群,特别是在意识的力量比较薄弱时(疾病、极度疲劳等等),也会做这样的梦。这时候,人们经常因未曾预料的奇妙梦境惊讶不已,觉得很是不可思议。但对梦有认知的人,往往可以从中看出神话的主题。可以说第五章中“肉的漩涡”的梦等等,就比较接近现在要讨论的内容。举例的梦中,男孩儿自己被卷进漩涡,但这一类的梦,本人并不出现在梦境中的例子比较多。比如说,梦见“洞窟中有一条守护着金钵的大蛇[16]”,梦境当中,做梦的主人并没有出现。一般,梦中出现的本人,时常代表的就是“自我”。所以可以认为,梦中没有本人出现的梦起源于与自我距离很远的层面。在这些梦当中,既有刚才说到的“肉的漩涡”那样具有非常深刻意义的，也有一时半会儿（至少在意识的层面）感觉不到有什么重要意义的梦——也就是说让人感觉到梦只是展现了集体无意识内容的一些断片。

有别于这些普通的“小梦”，原始部落的人们会有一种被称为“大梦”的梦[(17)]。荣格曾讲过非洲中部埃尔贡族人的情况，他们的梦有两种，一种是普通人做的普通的梦，这种是小梦；另一种是酋长和巫师这些伟大的人会做的大梦。每当做了大梦，做梦的人就必须把全体部族的人们召集起来，讲述这个梦。怎么判断这个梦是个大梦呢？据说，他们天生就对这种梦的重要性有本能的知觉，梦的印象过于强烈，难以想象自己可以不为所动地独自抱持着它。

这类梦缺乏对意识的补偿性，自主地描绘着自己的心理过程。我们可以回忆一下第五章第三节梦见“自己的影子在窗外独自行走”的精神病患者的例子，这个例子应该可以归于这一类。还有一个例子，得了不治之症的病人，在知道自己疾病名称的前一天，梦见“在无边的荒野，独自一人坐在矿车里。矿车突然启动，越跑越快，自己也没办法让它停下来。矿车就这么往前冲啊冲，直到冲进荒野的尽头，眼看将要消失在虚空，病人在极端恐惧中惨叫着醒来”。某种意义上，这种梦正像是预见了后话。我们接触到这样的梦，能体会到深深的无力感，发现一种自己的力量无论如何也无法干预的涌流，甚至能够感受到冥冥之中一个过程（process）的存在。

（5）预告型(telepathic dream)

我们前边举的例子已经有一些涉及梦的预告性质,但还存在一种连细节都表达得很清楚的预告梦。举一个典型的例子,这个例子源自哈德菲尔德的著作[18],我们简单描述一下。

> S夫人在梦中看到儿子F和陌生人站在不知什么地方的悬崖上。F突然从悬崖上滑落下去。她对着陌生人问道:“你是谁?”陌生人回答:“亨利·亚文。”接着又问道:“亨利·亚文,是演员亨利·亚文吗?”陌生人答道:“不,不是演员,不过也是差不多的职业吧。”从这个梦中醒来以后,她突然非常担心儿子F。F的哥哥觉得她的担心根本没必要,安慰她:没事儿的。八天以后,F在某一个悬崖上被人杀了。S夫人去了F被害的现场,碰到了F遇害时在现场的人。突然想起这就是自己梦到的那个陌生人,于是问他叫什么名字。对方回答说叫亨利·德伯莱尔,是个举办音乐会的歌手,对外自称为亨利·亚文。

这个梦,不仅预见到儿子的死,而且连当时在场的人及其名字都预见到,真是非常不可思议的梦。这种类型的梦在其他地方也有报告,与现实的一致性如此之契合,使得我们无法用“偶然的巧合”简单地弃之如敝屣。

预告梦,确实是一种非常不可思议的现象。我们在做分析的时候偶尔遭遇到这样的梦时,真是目瞪口呆。不过要特别注意,有些梦看上去像是预告梦,但准确地说应该不归于这一类,也就是说梦来自潜在的意识或者潜在的知觉。比如说,一个人有生第一次去一个城市,出发的前一天晚上梦到这个城市。第二天实际到这个城市走出车站一看,跟昨晚的梦境一模一样的景色展现在眼前。这个人为什么会准确地梦见自己应该没见过的城市的景色,实在让人吃惊。但往往当事人后来会发现自以为没去过的地方,其实很小的时候曾一度去过,只是后来完全忘记了。本人已经根本没有记忆的景象出现在梦中,这种情形很常见(19)。我们不特别注意的话,会把其他类型的梦与预告梦混同起来。经常会有人白天忽视了自己身体的不适,在睡眠时感受到不舒服做了相应的梦。过了一阵子真的发现得病了,这时候也会误解梦的预告性(20)。这种情况实际上确实“预见”了疾病的存在,但我们要说的预告梦特别指找不到合理解释的那一类,所以这种也不能归类为预告梦。像S夫人的例子完全预告了事件的发生,预告梦还会有同时发生的情形,比如说梦到亲人去世,而正好同一时刻亲人确实离去了。这种类型的例子在刚才引用的哈德菲尔德的著作中有记述,荣格也曾经有过论述。这种心灵感应式的梦,有人用精神电流等加以解释。但就像荣格所说的那样,企图单纯地去解释这种现象是很危险的,在试图对现象做出说明之前,更重要的是谨慎、准确地记述。特别是,心灵感应发生在亲人去世这种重大事件时还比较容易解释,对那些怎么看都不过是些鸡毛蒜皮的小事情的状况,解释、说明都是无力的[21]。比如说前边的例子,儿子的死亡无疑是重大事件,但当时在场的陌生人的名字,而且是艺名,为什么会出现在梦中呢? 只能说不可思议。

比起研究、调查预告梦现象的存在,彻底无视预告梦的存在似乎更加安全一些。但面对现实中存在的现象,我们的态度首先是承认其存在,但不草率地急于解释它。这一点很重要。承认预告梦的存在,对仅依赖于合理思考的人来说,是一件非常痛苦的事情。因而,很多情况下,即使梦到了预告梦,也马上就会忘记。但不管怎么说,这种态度,比起那些一受到预告梦的强烈印象影响就立刻引导出伪科学、伪宗教的人,还是健康得多。

(6) 反复型(repitition dream)

把现实中的场景原样在梦中重复,就是反复梦。不过,仔细看看就会发现梦跟现实的场景还是会有些不同的地方。如果把关注点放在与现实不同的这些内容上,就会发现异于现实的部分时常起着补偿的作用。也就是说梦中出现的与现实不同的部分,正好补偿或修正了在现实中自己看到、感觉到的东西。因而,在心理咨询现场,如果听到当事人说起做了重复现实内容的梦,一定要问一问:“有没有什么地方跟实际发生的事实不太一样啊? 哪怕只有一点点不同,也说说看。”有一位母亲训斥了自己的女儿,晚上做了同样的梦。但仔细回想一下,梦中自己的父亲站在边上,跟现实的场景是不一样的。而且这个父亲的形象是他非常年轻的时候的样子,自己也觉得很不可思议,不由地说出来:“父亲的样子很年轻,我感觉自己就像是他的妻子。”于是醒悟到:自己现在训斥女儿的样子,就像小时候妈妈训斥自己一样,只是在重复着过去。

与这个例子不同,有些现实的场面会在梦中反复出现。比如说在战争中受到极大的冲击,其深刻影响在梦中反复重现。可以说自我还没有能力将这种激烈冲击完全整合好,只好在梦中一遍遍地重新体验,试图把过往的体验整合进来。这时候,“解释”梦是没有任何意义的,最重要的是尽可能给患者合适的气氛去讲述梦中体验,并且倾心听取。与分析家的态度相辅相成,患者在自己难以接受的经历逐渐明朗化的过程中,才有可能把它整合到自我当中吧。就这样,一遍遍登场的梦在重复的过程中(或者说,伴随着一定程度的变形的重复过程中)会渐渐消失。在我做分析的经验中,经历了残酷激烈的街巷战的人做过这种梦。患者的经历是那么的残酷,倾听这样的讲述,也是分析家的使命之一吧。这种经历往往惨不忍睹,没有办法对其他任何人开口,但又萦绕于心头挥之不去,久而久之形成一团难以解开的芥蒂。埋在心中一直不甘于沉静的芥蒂,在可以完全信任的一对一的场景下才能够表达出来,慢慢趋于稳定,在自我的领域里找到自己的位置。通过这些例子,我们能够切身地感受到,表达,在心理治疗现场具有多么深刻的意义。

综上,我们算是讲完了梦的功能。最后想附加说明一下梦中出现象征性很强的意象时的情况。这种情况甚至可以当作梦的一个功能,单独拿出来做关于“象征的产生”的讨论。单纯的几何形状的十字、圆、正方形等等,或者两者以上的组合,在梦中出现,时常带有很强烈的象征意义。或者,在梦中还会以“与半径为 r 的球内接的四面体的高是多少?”的提问形式出现。所有这些类型的象征,都不单纯是几何图形的问题。对做梦的本人来说,可能象征着整合精神与肉体、合理与不合理、无意识和意识等处于两个极端的事物的努力。但这里谈论到的这些内容,已经分别被包含在我们讨论过的功能当中,象征也不单纯指几何图形。最后还要再强调一下,梦的功能不是单一的,总是互相穿插、缠绕在一起,极其复杂。

3. 梦的构造

尼采认为梦是神秘剧，叔本华好像曾说过“在梦中，每一个人都是自己的莎士比亚”，荣格也尤其重视梦时常具有的戏剧般的构成[22]。也就是说，梦和戏剧一样具有（1）场面的提示、（2）剧情的发展、（3）高潮、（4）结局等四个阶段。在日本，大家是认可梦的起承转结的构成的。当然，这只是比较典型的情况，戏剧有时也只有一场，提出问题就结束了。或者像剧作家一样，在作品完成之前，也有可能画画草图、试排一下，梦也不一定总是四个阶段齐备。还有前一节讲到的，有些梦只能看到象征性的意象。但作为一般规律，我们还是应该重视梦的这种戏剧型构成。

比如说这一章开始时举的例子，正是戏剧型构成的标本。

（1）场面的提示。

“一个很大的家，像是宾馆一样。有很多人在里边住着。”

在这个阶段，先把场所和出场人物交代清楚。要注意到，戏剧中很重要的要素“时间”，在这里却并没有明确的表达。和无意识的无时间性关联，梦中时间不明了的情况非常多。也有特例，“去年3月15日……”什么的，不过非常少见。

（2）剧情的发展

杀人事件连续发生，当事人看到了“*河流的水溢出来，*

在房子周围流淌”。用水来表达无意识的情况非常多，这时候表达出的可能是意识与无意识的水平面发生变化，梦向着深处发展。

（3）高潮

“*把谁是最终杀人者告诉了陌生男人，然后说：‘你当我什么都不知道好了！’陌生男人说：‘现在再说就当自己什么都不知道，已经晚了。’*”

这里，因为说出了谁是最终杀人者，发生了问题，剧情推向高潮。如何解决问题成为有待解决的课题。

（4）结局（问题的解决）

“*最终的杀人者用自己的刀自杀了。*”

这个结局有点出乎意料（其实，梦中的结局大多数都比较意外）。梦的结局非常重要，我们一定要特别地予以重视。一般来说，比较希望是大团圆式的结尾，你好我好大家好。如果这个梦的结局是“杀人者知道我把他的秘密告诉别人了，然后来袭击我，把一把刀插在我的胸膛”，我们会是什么样的感觉呢？听当事人讲述这样的梦，会不会有一种危在旦夕的紧迫感？这个梦的结局，尽管有些意外，而且不能说是大团圆，提示着“自我整合情感机能”的路还比较遥远，但是比起我们随后举的电话的例子还是有一些进步的。

我们说了梦的结局非常重要，但时常有以缺乏最终结局为特征的梦。比如说这个梦中，如果被陌生男性指责“*现在再说就当自己什么都不知道，已经晚了*”之后，当事人无所适从地醒过来，这个梦就成为一种没有结局的梦。对这种梦，我们可以认为是无意识把解决问题的主导权交给了意识，或者说在试图唤醒意识的努力。下边的例子大概可以很明白地说明这个问题。

梦境：我开着车。车开始走在下坡路上，速度越来越快。我突然发现这个车没有刹车，吓出一身冷汗。车的速度越来越快。到这地步，我知道只有唯一的解决办法：醒来。于是努力睁开眼睛醒来。

这个梦，很显然是一个警告梦，是对当事人盲目地沉溺于某一件事情的警告。毫无疑问，这个人最需要的正是：醒来！我们前边说到把解决问题的主动权交给意识，这一点，也得到生动的说明。

戏剧总是具有一种样式，先有一个设定问题的场面，然后解决问题。另外，戏剧的观众把自己带入主人公，由此而引起的情绪反应使得观众的心灵在戏剧推演的过程中得到净化。这一点，同样适用于梦中。但是，需要注意的是，梦中，“自己是自己的莎士比亚”，不仅编剧，而且导演，还要自己上台演戏，同时还有可能是一个观众。也就是说，在梦中，从演出、观看的双方得到净化，净化的效果则会成倍增长。从这个意义上来说，做梦，这件事本身就已然带有治愈的功能。就像神秘剧有着同样的效果一样，甚至可以说，

“梦,才是具有治疗意义的神话”(therapeutic myth)[23]。梦中体验到的深度感动,有时其本身就形成了一个伟大的体验,支持着当事人的心理进程。再看一个例子。

梦境:妻子怀孕了。妻子以经济状况为理由想做人工流产。我反对她这么做。非常奇妙的是我能看到将要出生的非常可爱的婴儿(女孩儿)。我因为看到婴儿,所以更加坚定地主张把孩子生出来。妻子解释经济上的窘迫,坚决反对。我心里想着“女人都是这么现实,真让人头疼!”跟妻子商量,说是自己再努力去寻找增加收入的方法,妻子总算同意了。(以下,自己到底是观察者,还是梦的当事人,一片混乱。)一个陌生男子出现,说现在开始吹笛子,要在电台广播。男子站在麦克风前边准备吹笛子了,但是想着现在吹笛子,还不如谈一谈跟妻子之间发生的事情,在很多人都轻易地去流产的时代,这个话题更有意义。(这时候,不知不觉,自己好像又变成了吹笛子的男人。)我详细讲了跟妻子之间的争执,想讨论一下生命的尊严。这时候,背后传来了充满悲哀的柔弱笛声,我在压抑不住要喊出声的深深感动中继续说着……

这个梦的意义不言自明。在很久以前,实际上做这个梦的男性在妻子怀孕时,以经济拮据等等理由说服想把孩子生下来的妻子,去做了人工流产。梦中,两个人的立场完全反转,耐人寻味。对于本人来说,以前非常合理地处理掉的事情,像梦中最后的场面出现的悲哀的笛声一样,不动声色然而强力且经久不断地在心灵的深处活动着。为了赎罪,他要向着日本全国发出"生命尊严"的呼唤。他最后体验到的压抑不住的感动,具有不可估量的意义,起到了改变当事人的人生观的作用。

这是一个非常好的例子,充分说明了梦中演绎的戏剧所具有的治疗意义。再从剧的构成观点来看,可以看作剧由前半部和后半部两部分组成,也可以看作以剧中剧的方式在前半部分的剧中看到后半部分剧情。这些跟现实中戏剧、电影的手法如出一辙。在这么典型的戏剧化构成中,现实主义的当事人在梦里彻底转变了立场,站在妻子的对立面,为妻子的"现实主义"而"头疼不已",真不愧为杰作!生动地体现了尼采所说的梦中"不存在任何无意义、不必要的事物"。从前述梦的功能的观点来看,这个梦的补偿机能同样是非常明确的。将会诞生一个女孩儿,也具有展望性的意义。

下边我们再来看一下梦中产生的典型主题。比如说,出发去旅行、岔路的选择、埋藏的宝物、危险的动物(怪物)、在空中飞翔等等,主题有着数不清的样式。不可忽视的是,这些主题总是存在于神话、民间传说、童话当中。从事梦的分析的人,在这一方面也是要尽可能充实、扩展自己的知识范围。实际上，有些梦几乎复制了童话。我们来看下边这个荣格讲到的富有深意的例子[24]。

梦境：一个气质高雅的人，像是僧人。我站在他面前。这个人的称号是“白色祭司”，但却穿着黑色长袍。正好是白色祭司在一段长长的演说快要结束之时，说道：“因此，我们需要黑色祭司的帮助。”这时候，门突然打开，一位老人，也就是穿着白色衣服的“黑色祭司”走了进来。这个人同样看上去非常高贵。很明显黑色祭司想要跟白色祭司说什么，但看见我在场就犹豫着。然后白色祭司指着我，对黑色祭司说：“你说吧，他是一个无罪的人。”然后，黑色祭司说了些很不可思议的话，讲他找到了天国丢失了的钥匙，但不明白该怎么用。他为了搞清楚钥匙的使用方法，来找白色祭司。然后黑色祭司还说到，他们国家的国王在寻找适合自己的石棺，随从偶然挖到一个旧的石棺，但里边有少女的遗骸。国王打开石棺把少女的遗骸扔出去，为了以后自己用，让手下把石棺又重新埋回地里。但是少女的遗骨见到太阳后突然变成了一匹黑马，向着远处的荒野逃去。黑色祭司穿过荒野一路追赶，路上遇到重重困难，终于找到了通向天国的钥匙。黑色祭司的话到此为止，很遗憾，梦也结束了。

这是某一位神学院学生的梦，里边包含着很多童话中会出现的主题。这位学生一定怀抱着宗教性的难题，在苦恼的过程中。梦中印象最深的是在这学生面前出现了一位拿着解决问题的钥匙的老人。童话中有很多这样的样式，处于困境、走投无路的主人公面前，突然出现了一位伸出解救之手的智慧老人。我们这些凡人面对困难重重的前景无所适从的时候，一位经过长年磨炼的高雅老人，有着旁人无法获得的超凡睿智，给我们无价的忠告，指点着我们的行动。梦中这样的老人形象有着不可思议的双面性，黑、白双重主题交错表现，可以说暗示着善与恶之间微妙的纠缠。

从刚才的例子中我们看到，梦有着各种各样的主题。同一天做的好几个梦，看上去各式各样，但经常不管哪个梦都包含着相同的中心思想，这一点要特别引起注意。还有，即使是同样的主题，随着时间的推移，内容会渐渐深入下去。能够发现、指出这种变化，对分析家来说是很重要的任务。因此，从事梦的分析时，进入到每一个梦的具体交谈之前，先把当事人带来的所有的梦都听一遍会更好一些。这样，便于把握事物整体的流动、发展方向。在有了整体概念的基础上，针对每一个具体的梦的细节进行详细的对话，或许事情会进展得更顺利。我们在下一节还会再探讨这一点，了解做梦的人的意识状态也很重要，而且，不局限于梦境，经常在当事人讲述的现实生活中也可以发现共通的主题，这方面也需要给予足够的关注。有的时候，患者描述梦和描述现实用了同样的表达方式，患者自身可能都没有意识到，但作为分析师，发现这一点也能够加深对问题的理解。下边我们来举例子说明。这是瑞士的一个高中男孩儿，因为同性恋和梦游，听从校长的建议来做分析治疗。这是治疗刚开始没多久的时候他做的梦。

> 梦境：我在一个宾馆的食堂，已经吃完了什么食物，正在等餐后甜点。可是上来的不是甜点，而是像药片一样的东西。我生气了，站起来去理论。……后来，到底是点了甜点还是药片，自己也搞不清楚了。我可能需要药片……嗯，我可能就是点了药片，所以，就对店里的人道歉了。

这个梦也具有戏剧的构成。开场交代场景——在宾馆食堂的自己；然后是发展阶段——在等甜点，但是得到的却是药片；接着迎来了高潮——生气了去找人家抱怨；剧的结局是自己越来越没有自信，最终承认可能自己要的就是药片，向对方道歉。补充说明一下，做这个梦时，这位高中男生自己已经下决心要结束分析治疗。理由如下：他觉得同性恋，对于高中阶段的人来说应该是一件非常普通的事情，谁都会体验一下的，根本不需要治疗；校长说让他来，他才来的，其实自己根本没有想来的意思；校长也真够多事儿的等等。我对他自己并没有想来的意思也觉得没有必要来，但被校长说了不得不来的心情表示理解，然后把谈话的重点放在了来治疗这件事本身、同性恋以及对校长的抵触情绪。对话的过程中，他的心情渐渐起了变化，自己意识到好像愿意把分析治疗继续下去。甚至说出，这不是因为校长让来，而是按照自己的意愿想要继续下去。他像是自言自语一样地说："我需要做分析治疗。"我接了一句："我需要药片。"他听到了，露出笑脸，加上一句："点了药片的那个人，肯定就是我自己吧。"然后两人相视而笑。我又重复了一遍："分析不像甜点那么好吃，需要的时候不得不吞下去。况且，那些药片可是你自己点的。"这个梦，描述了最初对心理分析的抵触以及决心终止分析的过程中当事人的想法。随着后来心情的变化、对话的进行，表达方式渐渐与梦境重叠一致，借助分析家指出的要点，梦的意义就逐步显现出来。通过指明主题，梦的分析的对话一步一步向现实生活靠拢。关于在分析现场需要注意的一些问题，我们将在下一节讨论。

4. 梦的分析实务

我们已经重复多遍,梦是在意识和无意识的相互作用下形成的。从这个意义来说,在做梦的分析时,了解当事人处于什么样的意识状态也是非常重要的。不知道意识是一种什么状态,也就难以了解梦相对于意识的意义。因此,进行梦的分析时,做梦的当天都发生过什么事情,本人对发生的事情是怎么想的、有什么感觉,这些都是需要倾心去听的。前边的例子已经看到,听的过程中,现实和梦可能会重叠起来。这种例子有很多[25]。除了做梦人的意识状态,还需要了解当事人对自己的梦的联想。比如说,这一章中举的第二个幽灵协会的例子,询问一下:"说起电话,你有什么能想到的事情吗?"这时候,不是像自由联想那样,从 A 想到 B、从 B 想到 C,找出 A→B→C→D 这样的联想系列,而是像图 13 那样,找出以 A 为中心的联想模式。

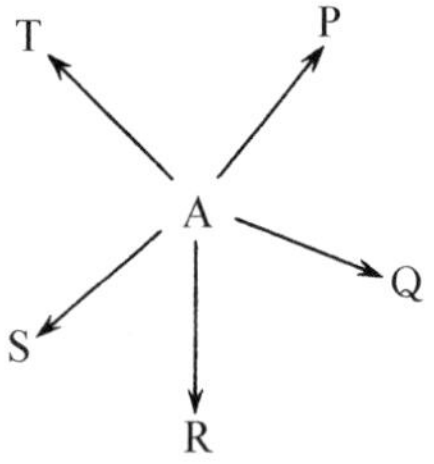

图 13

比如关于电话的联想,听到"电话费很贵,比较头痛",不是接着询问:"其他还有什么费用很贵的东西,给你造成困难呢?"而是要问:"关于电话,还有没有其他能想到的事情呢?"重复问下去。这样,才能够渐渐明白在当事人心中电话的意象究竟代表什么意思。如果当事人对电话说不出什么可以联想到的事情，也可以询问一下：“你觉得电话是一种什么东西？如果要向不知道的人解释的话，你会怎么描述它？”这时候，注意排除自由联想式的发散，要以一件事情为中心开展联想。也就是说，我们如果让患者进行自由联想，沿着自由联想的锁链会到达患者的某一个情结。关注点在情结时，自由联想的方法非常有效，这一点在荣格自由联想测验的研究中也得到了明确的证明。如果我们的目的是要搞清楚情结的状况，有自由联想等这么有效的方法，完全用不着大动干戈地分析梦，从一个随处可得的新闻报道或者其他什么的都可以得到有用的材料。也就是说，自由联想式的方法，分析的是情结（这一点没有错），但不能够成为**梦的分析**。

根据弗洛伊德的学说，无论如何，梦总归只给出显示在正面的东西，梦的解析就是要找出其背后隐藏的愿望。采用前边说的自由联想方式的同时，就等于认可了梦中的位移（Verschiebung），梦的解析就与梦本身渐行渐远。换句话说，就是在位移的过程中，梦里边原本比较“强壮”的东西可能位移成“软弱”，原本表达“接受”的东西位移成“赠予”。极端地说，我们甚至可以从所有的梦当中引导出俄狄浦斯情结。实际上，弗洛伊德的弟子们当时用这样的手法解析神话和传说的时候，从每一个故事中都能发现俄狄浦斯情结的存在。刚开始还很兴奋的弗洛伊德，慢慢也将其评价为一成不变的收获（monotonous harvest），觉得它没有什么建设性的意义。

相对于弗洛伊德的观点，荣格并不认为梦是一种背后隐藏着什么东西的正面，而是把梦作为一个现实，主张要重视梦本身，因此基本上不考虑梦的位移操作。这样看待梦的时候，才能够从梦本身的表现当中发现怎么去应对现时不得不面对的情结、当下的情结和意识处于什么样的关联状态。关于这一点，在第四章讲述情结的消退时，曾说到与其费力气去翻找自己都有些什么情结，还不如对眼下那些与自我的关联比较强，因而相对有希望能够被自我整合为一体的情结多加关注，做好与这种情结正面决战的思想准备。情结总是应该在与自我的关系中得到认识，情结在被自我整合的过程中所体现的建设性作用是非常重要的。基于这种思想，荣格流派的梦的分析将关注点放在了与自我的关联方面，也就是把梦看作是意识和无意识的相互作用。弗洛伊德的方法，在阐明情结的状况时并没有错误，只是对眼下的自我来说，缺乏建设性的意义。

在梦的分析过程中，应该重视做梦人的联想。这时候，切忌把梦中发生的事项立刻解释为某种东西的象征（荣格所说的符号）。比如说，梦中出现了狮子，并不能简单地断定为代表着父亲，或者是权威的象征。分析家首先要花工夫理解狮子对做梦的人来说究竟有什么意义，这可以通过让当事人联想来实现。比如说当事人可能特别喜爱小时候收到的一个狮子玩具，也可能是睡之前看到电视中狮子的漫画故事。通过这些联想，我们渐渐找到狮子代表了当事人意象中的什么意义。当然，除了对当事人个人的意义以外，社会一般大众对狮子的印象也是重要的，比如说是一种很强大的动物、百兽之王之类的，对这些也不能视而不见。很多情况下，当事人对自己梦中出现的主题一无所知，分析家就需要讲述它的意义。从上一节的观点来看，可以想象得到，作为无意识过程的描写，意识干预的程度越低，做梦的人能联想到的内容就越贫乏。当事人一脸茫然“什么也想不出来”的时候，分析家或许需要根据自己的见解讲述一些共通主题的童话、神话，以丰富梦的意义。这样，通过联想和阐明主题的方式丰富梦的素材所具有的意义，荣格称之为扩充分析法（amplification）。荣格非常重视这个方法。扩充法在梦的分析中不可或缺，分析家就梦中的一个主题讲述其意义时，不可用确定无疑的方式限定其扩充的可能性，而应提供一个能够使梦的意义更加丰富的材料。这样，分析家和被分析者才能够形成联手与人生课题较量的协同关系。

接下来要说的重要事象，就是在对全部的梦的系列有整体认识的前提下研究每一个具体的梦。比起孤例，从一系列的梦的变化中更容易看到心理变化的过程，意义重大。前边说到过，梦的分析，先要把一系列的梦都听一遍，然后再进入个别梦的分析，是同样的意思。把梦的记录保存好，一旦遇到困难，实在找不出意义的时候，拿出来从头重新看起,或许能发现以前没看到的动向,帮助自己理解。听到一个梦,尽量地把它放到系列当中去看,跟当时的意识状态对照着分析,针对每一个细节,精心地把相应的联想叠加积累上去。这样,我们就能从中看到以某种集合的形式表现出的布局。这是依赖分析者和被分析者之间的互动形成的,没有一定之规的公式可循,也没有触类旁通的方法能够简单地解释梦的意义。就此,荣格有一个警句:“分析家做什么都行,但千万不要试图去理解梦。”[26]

分析梦时,还有一个概念非常重要,即所谓“主体水准”(subjective level)和“客体水准”(objective level)的两种解释意义。比如说,我的梦中出现了朋友 A,如果是一个谈论 A 的事情的梦,那么我们称这个梦是客体水准的,如果朋友 A 具有自己内心内容的具象化表现的特征,则称梦是主体水准的。比如说前边讲到荣格仰视患者的梦,就是直接使用在当事人身上,属于客体水准的解释。在考虑去德国留学的例子中,本人实际上并不会说德语,却在梦中与德国人流利地交谈,这种也属于客体水准的解释,但有着展望性的意义。相对于这些例子,这一章开始讲到的杀人的梦,把它当作客体水准的解释去寻找哪里发生了杀人事件的做法意义不大,更妥当的是考虑做梦者内心有什么需要面对的“杀人”的主题。换言之,需要思考这个人的内心属性中是不是存在着用“拿着一把刀的杀人者”表达出来的东西?例子中,当事人要面对的可能是“一直挥刀割舍情感机能,仅依赖思维机能活到现在”的状况。这么思考的话,可以说梦的意味深长。这种视点就是在主体水准上对梦的解析。

梦有这样两种解释方法,有的时候某一种解释方法更加有意义,有的时候双方都有一定的意义。反对人工流产的梦中,做梦者一直认为自己是一个现实主义者,夫人则带有浪漫色彩。但梦中他却对着以经济拮据为理由主张流产的夫人,说出“女人就是这么现实”的话。从客体水准来分析,可以说到目前为止当事人只看到夫人浪漫情感的一面,现在终于发现了她现实主义的部分。这样,梦就有了一定补偿意义,补偿了他以前忽略掉的夫人的现实主义的一面。但我们用主体水准再来解析一下这个梦,也可以得出以下的看法:梦中的妻子不是现实中的妻子,做梦者是通过这个女性形象表达出自己内心的某一部分内容。这样,到目前为止,一直认为男性就应该面对现实,或者现实中一直非常男子气概地处理着日常生活的当事人,通过这个梦才发现自己行动的背后没准儿有着很强的女性因素在起作用。进一步反省并推进思考,他才发现自己的现实主义不过是沉浸在名为现实主义的气氛当中自我陶醉,而不是货真价实的现实主义。表面上,这个男性非常喜欢用“现实的残酷”“男人味儿”这些词,但内心存在一个营造这种气氛的女性在推动着他前进。

这个例子中,可以说两种分析都有各自的道理,都有其价值。读者可能也感觉到两者微妙地糅合在一起,不能简单地划分开来。夫人性格中以前没发现的一面,隐藏在自己内心世界的一面,互成表里,通过这个梦得以显现。这样两种观点各自有着自己的意义,而且相辅相成,不可分离。一般情况下,梦中出现的角色如果在现实中跟自己的关系比较近,则客体水准的解释更加有意义,关系比较疏远的角色,则更多地承担了主体水准解释所揭示的意义。但即使客体水准的解释更加有意义的场合,也千万不要忽视主体水准的解析,否则可能遗漏了重要的信息。

在这个例子中,我们说明了梦在客体水准和主体水准两方面都有其意义。如例所示,梦具有多义性,允许有各种各样不同的解释。这一点我们在意象和象征的部分也做过说明,梦总是具有集约性和具象性,林林总总,包含了很多意义在内。观点不同,就能从中引申出不同的意义。因此,分析家在刚才讲到的梦的扩充分析过程中,需要与被分析者对话沟通、共同努力,尽量避免损害到梦所具有的丰富的意义。急急忙忙用明确的概念去置换梦的内容,看上去非常容易理解,而且有很确定的结论,结果经常会扼杀了梦提示出的丰富的可能性。从这一点看,比起用概念置换来解释梦,分析家与被分析者共同品尝意象的滋味儿,这样的态度才更可取。比如说,听到幽灵协会打来电话时,分析家也可以性急地把概念解释给当事人听:“被你忽视的情感机能在呼救,你挂断电话就是拒绝了它的请求”。但是,“幽灵协会打来电话,可不是什么经常能遇到的事情。自己把电话挂断,有点儿可惜呀。像你这样富有合理主义精神的人,没有利用这个难得的机会跟幽灵交流一下,观察记录一下幽灵说些什么,反倒马上就感情冲动地把电话挂了,实在不可思议”,“啊,还真是这么回事儿！下回幽灵再打电话来,我可得好好跟他们聊聊了”。这种拉拉杂杂、看上去没什么要点的对话,或许具有更深层的意义。不管怎么说,分析家不要老是这个那个地解释一通,跟当事人一起围绕着梦中的意象本身,交谈、讲述,可能更加重要。话虽这么说,仅仅没有主见地依赖这个方法,会渐渐对事态失去明确的认识,连分析家自己的立足之地都被冲垮,分析的进程也会完全失控。

站在我们刚才说的立场上,再来详细看看最初的宾馆里杀人的梦。这是梦到幽灵协会打来电话以后又过了十天左右的梦。从充满幽默感的幽灵协会梦以后,当事人渐渐意识到自己与情感机能的关系实在是太糟糕,随后做了这个杀人的梦。梦中,当事人强烈地表达了自己以前总是挥刀砍去一切情感的生活方式。梦的场面提示从“很大的家,像宾馆一样”开始。一般来说,尽管涉及人数不少,但互相之间没有什么联系时,很多梦都会以宾馆里、火车上等等场面开始(比如说饭后等甜点的梦也是在宾馆的食堂)。在这样人际关系疏远的环境中,个人的人际关系或者自己要走的路都渐渐地得以明确,这个过程通过梦的深入得到表现。梦中,面对不断重复的杀人事件,她只是作为旁观者不动声色地看着。从以往她的梦的分析情况中可以察觉到，梦中以“刺杀”为手段的杀人者，跟她实际生活中非常敏锐的思维机能是有关联的。现实中可以想象，对外，她把锋利的剑刃朝向试图以爱的名义来跟她接近的人，不惜断绝关系；对内，她总是挥刀砍去感情的涌动，把一切情感的表达扼杀在萌芽阶段。在这么惨烈的场面中，她开始只是一个旁观者（思维型的人比较擅长的立场），但终于到了自己也无法控制的时候，忍不住哭喊出来。接着“*就当我什么都不知道好了！*”这种很浅薄的情感机能开始活动，被陌生男性指责“*现在再说就当自己什么都不知道，已经晚了*”的时候，她开始困惑，不知所措。但梦境继续下去，最终的杀人者自杀的结局生动地说明，锐利的思维机能之剑，在不停地割舍情感机能的路程走到头以后，就只能插进自己的胸膛。梦中，拿着刀的男人们都死光了，只剩下一个陌生男性，他也责备当事人：“*你既然并不想惩罚杀人者，为什么把他的名字说出来呢？*”这是非常极端的思维型思考方式。不管怎么说，他没有参与进杀人者的行列，跟当事人进行着个人层面的对话。这一点意义非常深刻。做梦的女性尽管有不成熟的一面，但情感活动已然很活跃，在认识到思维之剑的危险性的同时，得到了一位能够成为新的对话伙伴的男性。在这里我们可以感受到人的心灵内部改观的过程。十天之前电话的对话伙伴是幽灵，现在至少出现了能够正常交谈的人物。但这个男性还是一位陌生人，对话过程中也没有看到太深入的接触,考虑到这一点,我们可以认识到,当事人开发情感机能的进程,还需要不断的努力。梦中男性形象的变化,以持刀男性全部死去的同时出现陌生男性的形式表现出来。这可以说是一种不很明确的“死—重生”的主题。这个主题在梦的分析,进而在心理治疗的现场都具有非常重要的意义,我们在下一节做详细讨论。

5. 死和重生的主题

前一节，我们在梦的分析例子中强调了主题“死和重生”的重要性。我们这些从事心理分析的人，工作中总是要应对自杀未遂、杀人事件、死的恐怖等等现实中的死亡问题，同时也要能够与梦中象征性的死亡做决斗。就像前边讲的梦见越过山顶一直登上天空的人在现实中从山崖上坠落死亡，梦和现实就是这么微妙、复杂地纠缠在一起。这里需要强调的是，现实中的死亡，无论如何都是需要极力避免的否定性事态，而梦中演绎的内心死亡则不限于负面。因为心像世界的“死亡”，经常与“重生”连接在一起，成为发生戏剧性变化的一种前兆。现实当中，人们经常会体验到旧的制度死去，催生出新的秩序；我们也知道因“一粒麦种死去”从而孕育出更多新的麦子的秘密。死，是挫折，是灭亡，当然有否定的一面。但要注意到，“死亡”只要和“重生”有着联系，必然带有积极的一面。在这个意义上，心理治疗过程中，凡是发生巨大的人格变化时，当事人都会做与死亡有关系的梦。

比如说，这一章最初举的例子，梦见“在宾馆杀人”的女性，四个月过去，心理分析深入下去，人格发生很大变化的时候，梦见“自己穿着白色的芭蕾服，在野外跳舞。舞结束以后，投身湖中一直沉到深渊”。当事人在梦中体验到了深深的感动。通过这样深切的死的体验，在本人的内心世界什么东西在死去，新的、更好的东西在发芽，走向重生。这个过程，我们作为心理分析师与当事人共同体验、共同观察着。但无论如何，死，是一件非常危险的事情，这一点无可争议，因而对"死的意义"的双面性要有足够的认识。而且，梦中内心世界的"死亡的主题"往往和现实世界中的死亡有着微妙的关系，很难一条线划清。严重的神经症患者，在不断努力的过程中终于有力量试图站起来的时候突然企图自杀，这种事情并不少见。因此，心理治疗的过程，在患者从很严重的状态中开始有恢复的征兆时，更应该万分谨慎，以避免危险事态发生。

我们说了，"死亡"具有否定和肯定两面的意义，但一般来说，重点会被放在后者。在梦到死亡时，比起死亡的恐怖，更多的人反倒是体验到深层的感动。刚才梦中穿着芭蕾服装投身湖中的女性就是这样的例子，这种感动，在第三节的人工流产的梦中也出现过。为了劝说大家不要轻易地做人工流产，站在麦克风前的男子体验到"压抑不住的要喊出声的深深感动"。梦中，被男性自己用理性扼杀掉的情感复活，在他的内心世界得到重生。伴随着重生的深层感动充满了他的心怀。

这种深层的感动体验对应着鲁道夫·奥托所说的"神秘""神圣体验"（numinous experience）[27]。荣格非常重视这种神圣体验，这与他的宗教观有着密切的联系。这里就此简单说明一下，并解释一下荣格对宗教的思考。鲁道夫·奥托认为宗教追求的神圣之物(Das Heilige),在剥离了其中的存在合理性及其道德要素以后,依然存留的就是其本质内容。奥托对这些本质内容给予了足够的关注,称其为“神圣实体”(numinous)。也就是说,能够抓住人心的宗教体验,有着超出可以概念化并给出合理解释的部分,奥托非常重视这一部分。“神圣实体”这个词来自拉丁语表示神灵的词“nūmen”,“numinous”体验有时也会被翻译成“天意的体验”。这一翻译未能正确地反映出奥托的原意,所以我这里使用了原文[1]。奥托进一步追究神圣实体的构成要素,认为它伴随着敬畏(awfulness)、超能(overpoweringness)、魅力(fascination)等情感。即诱发出远远超越自我的力量,引起的对压倒性力量的感受、不可抵抗的魅力以及难以亲近的敬畏等情感,正是神圣体验。奥托主张神圣体验的存在价值就是宗教的根本。

荣格在奥托观点的基础上总结道,宗教就是“对奥托称谓的神圣实体进行慎重且良心的观察”[28]。这里,我们要注意到荣格用到了“观察”这个词,与自然科学的立场不相符合。换言之,称谓观察对象的神圣体验,在人的内心产生了难以抵抗的力量,并不是一种人能够自主地发起或者控制的事物。在这个过程中,人既是观察者,同时也是这种力量作用本身,自身一边体验一边观察。这里,我们再来看一

1 日文原版中以片假名形式的外来语表示。

下作为宗教(religion)这个词的拉丁语根源“religio”,其本身就含有慎重地观察的意思,也能给我们以启发。第一章中,我们曾讨论过“心理的现象学”,从这个意义来说,心理学的立场与宗教有着很深的渊源。其实,荣格也在这一层面强调了心理治疗中宗教性的重要性,与完全否定宗教的弗洛伊德形成鲜明的对照。很显然,荣格这里说的“宗教性”绝不意味着某一种特定的宗教。

我们通过“死和重生”的主题,以及伴随主题体验的感动说明了荣格对宗教的观点。下边举一个例子,来说明这种意义上的宗教性及重生的意义。一位母亲为自己六岁儿子的问题来做咨询。孩子最近老是问些关于死亡的问题,实在让人头痛。家庭幸福圆满,家里也没有病人,近期也没有友人、亲戚死亡的事情发生。但是这个小男孩思考着自己长大以后的事情,慢慢想到自己八十岁的时候,爸爸妈妈会怎么样呢?想到这一步,必然就开始跟死亡有了联系,孩子非常焦急地想要搞明白每个人死了以后会怎么样?母亲实在没办法用地狱呀、极乐世界等观念解释给孩子听(现在大多数年轻的母亲都是这样),而且也不想跟孩子讨论基督复活的话题。这时候,如果母亲自己有可以信仰的宗教,那么按照教义解释给孩子听,大概是最好的解决办法。但是,像这个妈妈一样没有宗教信仰的时候,就只剩下一个办法了。我跟母亲说,只要小男孩儿想谈论这件事,你就集中全身的注意力去倾听,持续慎重地观察,不要试图教给孩子不相干的东西,跟孩子共同体验这个过程是很重要的。后来,孩子找到妈妈,说“再说说那个难过的事情吧”,又讲起自己的想法。有一次讲到爸爸妈妈不得不死的时候,孩子一边哭一边说:“我想起这事就难过死了,可是不说出来更受不了。”据说这些过程,妈妈都一边哭一边听着,时不时地跟孩子交谈几句。结果,没过多久,男孩儿的内心迎来了变化,找到了解决办法。一天,孩子两眼放光地找到妈妈:“妈妈、妈妈,我想到一个好办法,我死了以后,再钻回妈妈肚子里,让妈妈把我重生一遍就好了。”从此,孩子再也没有提起死的话题了。

讲到这里,真心希望读者不会有“这算什么呀?”的感觉,认为孩子的想法不值一提。我听到这个报告时,内心涌起一阵抑制不住的强烈感动。在一个六岁的小男孩内心,产生了对任何宗教都非常重要的“重生的主题”(即使表现方式非常原始),随后他的整个内心世界又恢复到稳定的状态。没有听谁说,也没有什么人刻意教,这种再生的主题在孩子内心世界自然产生。孩子在想到好的解决方法时,跟妈妈一起谈论这件事情时的感动,正是所谓神圣体验,不得不说这种体验有着宗教性的内容。这个例子中,一个能够理性地思考自己老了以后父母会变成什么样的孩子,得到的解决方案,从合理性的观点来看,可以说实在是荒唐无稽。我们必须正视这一点,虽然并不是一个对死的合理解答,但从意象的角度来讲,“死了以后再钻回妈妈的肚子里”

具有非常重要的意义。因为这个意象的出现,孩子体验到了深深的感动,从此,不再受死亡恐惧的威胁,这是不争的事实。六岁的男孩儿,深陷死亡的恐惧,无处可逃。在母亲的支持下,一直面对着无法逾越的困难,抗争的过程中,从内心世界产生了"重生"的意象,这一意象成为尚处幼小阶段的心灵的救赎。这个例子,无论是对"再生"主题的重要性,还是宗教的本质,都有着重要的启示意义。

可能是画蛇添足吧,但还是多说一句。我当然不会认为,这个意象的出现就帮助男孩儿彻底解决了自己内心有关死亡的课题。只是在生长的特定阶段,孩子通过这样的意象暂且算是闯过了一个难关。到了青春期,他还会再一次思考死亡的问题吧。那时候,大概就不会满足于"再钻回妈妈肚子里"这样比较原始形态的意象了。到时候,少年可能再度苦恼,在更高层面与死亡的课题较量,然后找出自己新的答案吧。人正是在这样重复不断的过程中,随着年龄成长起来。例子中,一个男孩儿发育到六岁的成长阶段,没有受到外界任何有关死亡的影响,自发地开始思考,结果在没有别人教导的情况下,通过内心产生的"重生"的意象,战胜了恐惧,恢复了心理平衡。特别是,孩子在不受外界影响的情况下走过这一路,更翔实地说明了人内心世界浮现出意象的可能性。荣格的原型概念就表达了人类心理内部表象的可能性(possibility of representation),其意义通过这个例子也能得到很好的理解。

至此，我们已经对“死和重生”的原型有了深刻的认识[29]，当这个原型被投射到外界时，显著的例子就是太阳神话。清晨，神之英雄从东方出生，乘坐着太阳马车在高高的天空运行，晚上被等待在西方的伟大母亲吞噬，黑暗来临。整晚英雄都在海底航行，与夜之怪物搏斗，取得胜利。到了清晨英雄又一次诞生，出现在东方的天空。这个神话，就是典型的“死和重生”的命题，英雄必须成就一番事业时，首先需要体验的就是苦难。英雄被怪物吞下去的故事也数不胜数。荣格把这种黑暗苦难的过程称为“黑夜大海的航行”（night-sea journey），这一过程在梦的分析过程中经常会出现。

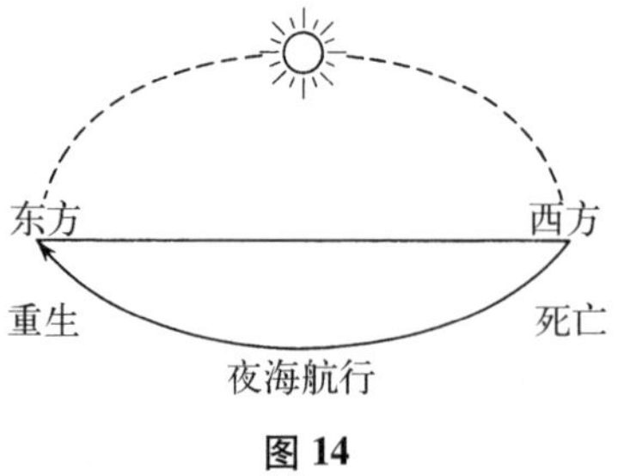

图 14

下边我们借助荣格讲的例子说明一下夜海航行的过程。这是荣格和他指导的人一起做的一位年轻男性科学家的例子，该例子在列举主要内容的同时，阐明了人格发展的过程[30]。我们在数量很多的梦中挑选了第二阶段的 11—15 号梦，作为系列如下所示。

梦境1：我、医生、飞行员以及陌生女性，乘飞机在天上飞。突然，一个槌球的球飞过来，把镜子打碎了。镜子是飞行时必需的器具，然后飞机就落到地面。又一次心中不禁涌起疑问：这个陌生女性到底属于我们三个男人中的哪一个啊？（关于这个女性的疑问在以前的梦中也出现过，所以用了"又一次"这个词）

梦境2：我和父亲、母亲、妹妹一同站在火车站的月台上非常危险的地方。

梦境3：海底有宝物。为了到达那里，我不得不从一个狭小的入口跳进去。这是非常危险的事情，不过在海底我或许能找到自己的同伴。我一直往黑暗的海底潜去，发现了深海中美丽的庭园。庭园被设计成对称式的，中央有泉水。

梦境4：我和父亲去药房。在那里能够很便宜地买到一种特殊的水。父亲跟我讲起来能够取得这种水的地方的事情。然后我乘着火车越过了卢比孔河。

梦境5：四个人坐船，在河上顺流而下。我和父亲、我的朋友，还有那个陌生的女性。

关于这些梦的具体考察，可以参见荣格的原著。尽管梦中表达的形式比较隐晦，我们现在主要还是想看一下系列中表达出的"夜海航行"的主题。梦境中，当事人跟着自己不认识的飞行员一起在天空飞翔，突然非常重要的器具遭到破坏，坠落地面。这可能暗示着凭借自己的力量在天空中飞翔的年轻科学家，有必要回到地面上，脚踏实地重新开始吧。

接着在梦境2里边，交通工具从飞机变为火车，相对于前边的梦出现了退化。不仅是交通工具退化，连同伴也变成自己家里的亲人，自己是家庭的一员。人要想发展到一个新的阶段，一般总归需要从洋洋得意的位置回落一次，必然会出现退化现象。这个梦显示了退化时期依然充满危险。

梦境3中，当事人从地面开始往海底潜去，越来越下沉了。这个行为是他在充分认识到危险的情况下，自主决定实施的。海底有约定的宝物，或者有自己的同伴在等候。在海底，他发现了讴歌生命之水的源泉。

在做出这样的决断以后，第四个梦里，和父亲一起去寻找生命之水。梦里，父亲的形象已经不仅仅代表着父亲，兼具知晓生命之水来源的智慧老人意象的意义。新的发展之前会出现退化现象，但当事人必须在适当的时候给退化行为打上休止符，才能再次奋发向上。这时候，具有父亲意义的形象是非常重要的，也正因为父亲形象的出现，使得当事人终于“越过了卢孔比河”。最后的梦，与开始一样也是四人组合，但有了很大的变化。首先，飞机变为顺流而下的船，更大的变化在于，第一个梦里不仅女性，男性也都是陌生人，而最后这个梦里，男性分别为自己熟悉的父亲和朋友。从后续的这些梦中可以看出当事人在过程中完成的任务。将最初自己内心的无意识部分的内容(以陌生的两位男性表现出来)慢慢整合进自己意识当中。到后期他已不再试图与陌生的飞行员一起飞向危险的天空,而是和自己熟悉的人共同乘船顺河流前行。

一连串的梦中,可以看到当事人人格的发展轨迹,但是,一直作为陌生人出现的谜之女性到底又是怎么回事呢?对梦中出现的这个重要的女性意象,我们在下一章做详细讨论。

参考文献:

(1) 自古以来关于梦的故事,作品中有很多意义深刻的例子。石橋臥波『夢』宝文館、一九〇七年、高峰博『夢學』有文堂書店、一九一七年。

(2) 关于弗洛伊德之前的梦的研究情况,弗洛伊德在《梦的解析》中做了非常卓越的综述,可以参考。有关梦的整体的入门书,可以参考宫城音弥『夢』岩波新書、一九五三年。

(3) ニーチェ、手塚富雄訳『悲劇の誕生』世界の名著 46、中央公論社、一九六六年、四五五—四五六頁。

(4) フロイト、高橋義孝訳『夢判斷』上卷、新潮社、一九五七年、一〇七頁。

(5) Hadfield, J. A., *Dreams and Nightmares*. Penguin Books, 1954, p. 113.

(6) Neumann, E., *The Origins and History of Consciousness*. Pantheon Books, 1949, pp. 5 - 38.

(7) Jung, C. G., *Psychologische Interpretation von Kinderträumen*

und älterer Literatur über Träume. Seminar von Dr. Jung Wintersemister 1938/39. 这是复制的荣格研究所的讲义，未收入《荣格全集》。

（8）フロイト、四一—四二頁。

（9）参考 Jung, C. G., *General Aspects of Dream Psychology*. C. W. 8, pp. 237 - 280，加入笔者的理解和思考，做出分类。

（10）Jung, C. G., *Memories, Dreams, Reflections*. Pantheon Books. 1961, p. 133.

（11）ニーチェ、五三五—五三六頁。

（12）荣格认为初始梦对探寻患者无意识的病因有非常重要的意义，关于这一点，弗洛伊德也表达了相同的观点。*The Practical Use of Dream-Analysis*. C. W. 16, p. 140.

（13）同上，pp. 154 - 155。

（14）Jung, C. G., *General Aspects of Dream Psychology*. C. W. 8, p. 258.

（15）Jung, C. G., *The Practical Use of Dream-Analysis*. C. W. 16, pp. 150 - 151.

（16）Jung, C. G., *On the Nature of Dream*. C. W. 8, p. 291.

（17）Jung, C. G., *Two Essays on Analytical Psychology*. C. W. 7, pp. 176 - 177. 文中，小梦、大梦译自"little dream"和"great dream".

（18）Hadfield, J. A., *Dreams and Nightmares*. Penguin Books, 1954, p. 226. 这本书的最后部分有很多预知梦的例子。

（19）フロイト、二二—二九頁。 书中举了很多梦中出现本人已经忘却的事情的例子。

（20）同上，11 页。亚里士多德认为，患者体内变化的征兆，医生在白天有可能看不出来，但有些可以通过夜里的梦境做出推测。

（21）Jung, C. G., *General Aspects of Dream Psychology*. C. W. 8, pp. 262 - 263.

（22）Jung, C. G., *On the Nature of Dream*. C. W. 8, pp. 294 - 295.

(23) Meier, C. A., *Jung and Analytical Psychology*, Department of Psychology, Andover Newton Theological School, 1959. p. 45.

(24) Jung, C. G., *The Phenomenology of the Spirit in Fairytales*. C. W. 9, I, pp. 216 - 217. 荣格著作中使用第三人称,本文转换为"我"。

(25) 梦的分析中需要了解意识的状态,这与在投射法的解释中认为"blind analysis"是危险的做法出于同一考虑。梦的分析构成了投射法解释的基础,因此从事投射法的人应该可以从梦的分析中得到很多见解。前一节中讲到梦的戏剧性构成,应该对研究 TAT (主题统觉测验,thematic apperception test)有重要作用。事实上,设计了 TAT 方法的莫里(Murray, H. A.)就接受过荣格的心理分析。

(26) Jung, C. G., *The Practical Use of Dream-Analysis*. C. W. 16, p. 148.

(27) Otto, R., *The Idea of the Holy*, Penguin Books, 1959. (Das Heilige, 1917 年英译版)

(28) Jung, C. G., *Psychology and Religion*. C. W. 11, p. 7.

(29) 荣格关于重生的很有意义的论文。Jung, C. G., *Concerning Rebirth*. C. W. 9, I, pp. 111 - 147.

(30) 该论文最初以"*Dream Symbol of the Process of Individuation*"为题发表于埃拉诺斯年报,1935 年。后追加了更详细的说明,以"*Psychology and Alchemy*"收入 C. W. 12,原著以第三人称(做梦的人)写成,本文改为第一人称。

第八章

阿尼玛和阿尼姆斯

前一章的最后部分举的例子中，我们提到了男性科学家梦中登场的“陌生女性”的重要性。荣格很重视梦中出现的异性像——对于男性来说梦中的女性形象、对女性来说梦中的男性形象——认为他们具有非常重要的心理意义。作为异性的原型，荣格提出了分别代表女性像和男性像的阿尼玛和阿尼姆斯的概念，并一直致力于探究其意义。在第五章讨论集体无意识时，我们举过一个代表性的例子，阴影，并说明了它的意义。看前边的例子可以明白，阴影，在梦中多以与自己同性的人物形象人格化，相对而言，阿尼玛和阿尼姆斯则以异性人物出现。换句话说，对于男性来说，梦中的男性形象代表了他的阴影意象，女性形象则是阿尼玛意象；对女性来说，可以认为梦中的女性形象是自己的阴影意象，男性形象则是阿尼姆斯意象。阴影与个人无意识的关联非常密切，比较容易理解，而接下来要谈的阿尼玛和阿尼姆斯存在于无意识的深处，更加难以把握。从到目前积累的经验（依然非常贫乏）来看，笔者总觉得对日本人来说，整合自己的阿尼玛和阿尼姆斯比起西洋人要困难很多。因此，写这一章，我也感到非常难以下笔，或许只能谈及一些皮相的内容，但还是想尽力做些解释。这种说明如果能够成为大家通过内心的体验把握阿尼玛、阿尼姆斯的一个机缘，我将感到非常荣幸。要讲清楚阿尼玛、阿尼姆斯，我们首先要涉及人格面具（persona），那么第一步先以人格面具为参考基准做一些说明。

1. 人格面具和内心世界

这本书的努力目标是对代表人的内部世界的心灵进行探索,也可以称为"心理现象学"吧。到目前为止,我们一直坚持记录和表述各种现象,现在,再来仔细考察一下荣格关于"心灵"含义的观点。荣格认可无意识心理过程的存在,就像我们已经重复过多次的那样,荣格非常重视意识和无意识之间的互补作用。随着研究的深入,荣格认为需要对我们平时不经意地说到的"心"做明确的定义,开始区分使用"psyche"和"soul"(Seele)这两个词。"Psyche"既包含了意识,也包含着无意识的内容,意味着全部的心理过程。这个词在日语中用汉字"心"来表示,一直用到现在。相对于"psyche","soul"成为我们需要面对的问题,具体的意义后边再做讨论,对应的日语我们用平假名的"こころ"来表达。这里没有用"灵魂"这个词,主要是担心与宗教的"灵""魂"等概念混为一谈。找不到适当的译文,我们学着夏目漱石特意在书名中使用平假名"こころ"那样,也用"こころ"来表示"soul"[1],以区别于前边的"psyche"。

人类要适应这个世界、在这个世界生存下去,必须对外

---

1 指夏目漱石的《心》,日文原著的书名为"こころ"。中文无法对应作者的用词区别方法,原则上将"psyche"译为"心理""心理过程","soul"译为"心灵"。视上下文的连贯性、易读性,有时将"soul"翻译为"内心世界"等。

部的环境采取一种合适的态度。外部环境无时无刻不要求着我们表现出适当的态度,父亲要有父亲的样子,教师则必须为人师表,孩子要像孩子一样行止,人们总是不得不在外部的期待中行动。如果懈怠了这一点,立刻就会被贴上“适应能力差”“行为举止不恰当”的标签。不去学校的孩子呀、挣的钱自己都花了不给家用的爸爸呀,其异常行为一定会受到周围的抨击。但相对于这种外部比较容易看到的不恰当行为,笔者认为对自己内部的不适应症状更应该得到重视。

可能会有人觉得“对自己内部的不适应”是很奇怪的概念,那就举个例子来说明吧。我在美国留学时,大多数日本留学生都比较喜欢自己人扎堆儿。但其中有一个人,却跟当地的美国人非常合得来。当时像这样能够融入美国人群体当中的日本学生真是比较少见,至少对我去留学的那个时期的日本人来说,融入风俗习惯完全不同的美国人中是一件非常困难的事情。所以,一般的日本留学生都会很羡慕那些跟美国人可以顺畅交流的日本人,有时甚至有些嫉妒吧。但这个人有一天到我这里,吐露说他一直找不到原因地慢性拉肚子,很苦恼。症状越来越不好,他去看了美国的医生。医生检查来、检查去,得出的结论是神经性的,很热心地询问他,有什么烦恼?医生一定觉察到大老远从日本来美国,一个人在异国他乡肯定有不能适应的地方,才会有神经性的生理反应。但跟医生预期的完全相反,这个日本留学生在当地适应得非常好，有很多美国朋友，受到自己老师的好评，甚至交的女朋友也是美国人。医生找不到任何“不适应”的迹象，满头雾水。只好跟他说，自己现在也找不到很明确的原因，但肯定是心理的问题，建议他去找心理学专家。我非常吃惊的是，还有跟他差不多情况的留学生也主诉慢性消化不良，很是苦恼。很明显，他们的“不适应”问题来源于对外部世界过于完美的“适应”。对变化巨大的外部环境——以前从来没有近距离体验过的美国文化——他们可能非常性急地去实现表面的适应。在过于重视顺应外部环境时，疏忽了自己的内心活动。

是不是可以说他们把精力都投入到适应外部环境，丧失了与自己内心建立联系的能量？这个例子可以看出来，人在无法适应外部时可能会得神经症，同样，在忽视了自己内心的调整时，一样会得神经症。荣格注意到这一点，主张我们不仅要对外部世界保持适当的态度，对自己的内心世界同样也要保持合适的态度。作为原型而存在的根本态度，对外是人格面具，对内则被称为阿尼玛。阿尼玛这个词，对荣格来说就是心灵的同义词。也就是说，它作为原型存在于无意识当中，把应对自己内部心理过程的行事风格、对内的根本态度定义为“心灵”。作为原型而存在的“心灵”，我们当然无法有“意识”地去把握其性状，但“心灵”以“意象”的形式表达出来的时候，我们是能够找到它的踪迹的。这踪迹就是“内心世界的意象”(soul-image)，人格化以后通常会在梦中以异性的形象出现。这么说来，我们就能明白梦中出现的陌生女性形象，应该准确地表达为阿尼玛意象（或者心灵的意象），荣格常直接称其为阿尼玛。这里，刻意使用心灵的同义词阿尼玛，其用意在于经常用这个词特指梦中的女性形象。

人格面具和阿尼玛的作用是互补的。社会对一个男性有着男子汉气概的期待，人格面具就承担了这个任务。他的对外态度就要表现出力量强大、擅长逻辑思维。但他的内心则与外部态度完全互补，柔弱、充满非逻辑性。我们一定见识过不少男性，表面上很强大，内部却有着非常软弱的部分。被遵循一般社会期待的外部态度、人格面具排斥掉的那一面形成了内心世界的本质内容，当它以意象的形式出现时，就具有女性的形态。反过来，女性被一般社会所期待的态度，造就了温和、柔顺的人格面具，其内心世界的意象则以男性形象出现。我们称这种男性形象为阿尼姆斯（准确地说，应该是阿尼姆斯意象）。阿尼姆斯为阿尼玛的男性形（拉丁语中意为灵魂、精神）。阿尼玛、阿尼姆斯存在于人的内心世界，对行为有着强大的影响，包含了意识态度中所有欠缺的功能，会对我们施加无法预想的影响。无论积极意义的或是消极意义的影响，都有着不可或缺的意义。一位机械地遵守着兵营纪律的模范士兵，阿尼玛没准儿会悄悄地跟他嘀咕："晚一点回驻地，又没什么大不了的。"或者阿尼姆斯高调召唤着乡间老百姓家里的年轻姑娘："你应该拿起枪站到国防第一线，保卫自己的家园！"这些想法，从他们的人格面具角度来看完全不可思议，但这些念头的魅力却实在难以抵抗。有些人屈服于内心世界强烈的诱惑，走上堕落之路，一发不可收拾。也有些人遵从内心世界的召唤，奋起成为国民英雄。关于阿尼玛和阿尼姆斯极具创造性且同时充满危险的机能，我们将在下一节详细讨论。这里继续讨论人格面具。

人格面具这个词来源于古典戏剧演员在台上戴的假面具，荣格借用这个词的意图非常明显。人格面具就是一副我们戴着给外界看的面具，很少以人格化的形式出现在梦中，通常会被表现成自己穿的衣服等。如果一个人不具有合适的人格面具，会梦见自己赤裸着身体混在众人里边，或者穿着完全不合场景的衣服。人格面具在梦中很少有人格化的表现方式，即使有，也基本上以同性的面目出现。下边我们举一个有关人格面具的梦的例子。这是一位未婚职业女性的梦。

> 梦境：我跟好几个男的在战斗。我坐着，拿着伞和棍子什么的抡上去，把他们挨个打得无法招架，掉进河里。剩了最后一个的时候，我告诉他，"投降算了"，他听不进去，还要上来打。我心里一边想着，"不管你什么时候来一样打得你落花流水"，一边站了起来。这时候，突然发现自己赤身裸体，什么都没有穿。实在太

丢人了，不知道该怎么办，稀里糊涂又坐了回去。我说："不管怎样至少先穿上衣服吧。"然后，好像两人为了继续开战，往海水浴场走去。

这个梦实在让人印象深刻。当事人坐在那里就可以把男性一个个打得屁滚尿流，等对方被打得只剩最后一个，自己以必胜的姿态华丽亮相迎战时，却发现自己的形象非常可笑，被羞耻心击倒又坐了回去。人，有的时候把戴着的人格面具取下来，给外界看一下自己真实的一面，或者自己能认识到这一面，非常重要。从这个意义上来说，赤身裸体的梦有积极的一面。但这个梦中，则强烈显示出当事人缺乏合适的人格面具。这位女性，工作当中能力很强，却为职场的人际关系而苦恼。就这个梦交谈的过程中，治疗师了解到她经常会克制不住地说出些不必说的话，招上司讨厌，工作太卖力，招同事嫉恨。现实中，有些人是因为工作不诚实、偷懒引起问题，也有人因为说真话、勤奋工作把人际关系搞得一团糟。剥去伪装、赤心相对，应该说是好事情，但也要看场合和时机。这位当事人总算在梦中觉察到不合时宜的赤身裸体是多么尴尬，不管怎么说，哪怕穿上件泳衣也比赤裸着好。

说到衣服时常代表了人格面具，我们在现实生活中也能得到证实。一些职业的特征不能让个人的内心世界过于显现，否则会带来很大的危险，比如说军人、警官、乘务员。

这样的职业，一般都有制服。这些人在履行职务时，时时刻刻会接触到人内心深处的问题，不当心越界就会使场面变得非常危险，可以认为制服在这时候起到了一层防卫作用。反过来看，起防护作用的制服又往往把人从头到脚都包起来，经常会让人疑惑里边到底还是不是一个活生生的人，这就是与人格面具同化的危险性。竭尽全力去构建自己的人格面具的过程中，人本身与人格面具的同化现象过于严重，人格面具就会覆盖掉其人的全部人格特征，顽固、僵化、难以改变，人就失去了自己的个性。记得什么时候看过一次马歇·马叟的哑剧，演的是一个男人试着戴各种各样的面具，玩得兴起，后来小丑的面具戴到脸上怎么也拿不下来，窘迫不堪。马歇·马叟的演技很高超，把角色想尽办法要取下面具时身体扭曲、极力挣扎的样子表现得惟妙惟肖。再怎么痛苦挣扎，小丑的面具却保持着一副滑稽可笑的样子，而能够把两种完全相对立的东西表现给观众，显现出马歇·马叟演技的闪光之处。这个戏活生生地为我们演绎出僵化的人格面具的悲剧。有些人的人格面具并不是这样单一的僵化物，而是能够很顺畅地适应不同时间、场合做出各种调整。现实当中，每个人在不同的场合都会受到外界不同的期待，很多需要转变角色的场合，我们不得不顺应要求，改变着自己的人格面具。疏于发展出成熟的人格面具的人，总归比较容易和外界发生摩擦，伤害别人的感情，无法顺畅地发挥自己的能力。人格面具，既扎根于自己的内心世界，又担当着对外演示的任务，是在人类社会中圆满生存的必要装备。

男性对外有着强调男子汉气质的人格面具的同时，内部存在着女性特征的阿尼玛，人格整体得到平衡。反过来，外部的女性气质则由内心的阿尼姆斯来补偿。但是，比起互补作用，极端的同化会积蓄相当强大的破坏力。日常很坚强、很严厉的男性，被浅薄的同情心操纵干出傻事；一直很可爱的主妇，突然受了报纸上名人的意见影响，滔滔不绝地对着客人开始演说：日常见到的这类事情，起因基本上都是极端的同化。这时候，我们会很疑惑：怎么像变了一个人一样？确实是这种感觉，一个男性的背后有位女性在活动，一位女性的身体当中走出来一个男性。我们必须将人格面具、阿尼玛等都分化开来看待，努力认清各自的面目，才能避免与人格面具、阿尼玛的任何一方同化，免于陷入危险境地。

阿尼玛、阿尼姆斯往往会给趋于僵化的人格面具增加柔软性和跃动性。有关这两者，我们在后边分节详细讨论。

2. 阿尼玛

男性的内心世界的意象在梦中经常以人格化的女性形象出现。下边我们来看一个典型的例子。这是一个年轻的单身男性的梦，略去细节，如下。

梦境：我和谁一起正要去海水浴场。我不想去，但心里明白不得不去。海边，中学时的老师教我们游泳。别人都在游泳的时候，只有我一个人远离大家在海岸上。突然，从海底浮上来一个裸体的少女，我慌慌张张地给她进行人工呼吸，感到她的一丝呼吸后终于放心了。为了给她找保暖的衣服，我走回家去。一堆衣服每一件都太小了没法穿，到处翻找着的时候，醒来了。

这是救出处于危机状态的陌生少女——阿尼玛的典型的梦。在决定开始进行分析治疗之后，当事人马上就做了这个梦。这正是我们前边说到的初始梦。并不想去海水浴，但心里明白不得不去，这是开始心理分析时很多人都会经历的矛盾心情，梦如实地反映了当事人的感受。梦里的海，简直就可以说是无意识本身。学习游泳，就是走进无意识世界，开始学习新的东西。这时候，对于自己远离大家感受到的孤独、阿尼玛以一位裸体少女的濒死状态出现，本人无疑都受到很大的震动。孤独，说好也罢，说坏也罢，总归是诱发一种异常体验的基础。传说故事、童话中的主人公们迷失在森林里,被父母抛弃了,踏上一个人独自的旅途等等,经常成为异常体验的开端。这个梦中,也是在当事人离开群体、孤身一人的时候,阿尼玛现身。可以说,这是一种非常危险的状态。他赶紧上去做人工呼吸救濒死的少女,真像是在救赎他那一直遭受意识的拒绝、沉底在无意识世界的“心灵”。这个行为可以说给了心灵重生的机会,恢复了心灵与自我的联系。做人工呼吸的情节也颇有深意。本来,阿尼玛、阿尼姆斯这两个词都来自希腊语的“anemos”(风),“心灵”“灵魂”等与“呼吸”“流动的空气”等表象有着很深的关联[(1)]。实施人工呼吸后,少女开始了自主呼吸,实在是件令人欣喜的事情。梦的最后,表达出不尽如人意的部分,正好生动地说明了我们前一节讲到的心灵与人格面具的关系。梦非常形象地表达出当事人日常具有的人格面具(衣服)太小,无法包容自己内心。现实当中,当事人通过心理分析,为了重新获得自己的阿尼玛,鼓足勇气坚持不断地努力,同时不忘记构建适合自己的人格面具,经历重重困难,最终总算走出困境。

从这个观点来看,劝说妻子不要人工流产的梦,也具有与处于危机状态的阿尼玛恢复关系的含义,或者也可以说是阿尼玛诞生的梦。阿尼玛被压抑在男性的内心,容易和性格中处于劣势的部分联系在一起,往往和当事人的劣势机能相结合。比如说对于思维型的男性,情感机能与阿尼玛结合,阿尼玛的诞生,意味着本人的情感机能得到发展。比如说自己不大擅长的音乐在梦中出现,用“笛声”来实现感情表达,把吹笛子的人视同为自己。这个梦说明,阿尼玛并不绝对以女性的形象出现,梦中的笛声表达了一种“具有阿尼玛特性”的情感。有时阿尼玛也会以动物形象被表达出来,最典型的就是“天鹅少女”吧。所谓天鹅少女的故事(swan maiden)在世界范围内广泛分布[(2)],版本繁多,故事内容中哪些是外部传进来的、哪些是当地自古原产的,实在难以分辨。相似的故事令全世界的人们感动,源远流长,世世代代继承下来。依据这个事实,我们可以认为阿尼玛是扎根于人类共通的集体无意识中的存在。天鹅少女的故事,生动地向人们传达着无法抗拒的魅力和难以捉摸的不确定性。

男性心灵内的这种“永远的女性”意象向外界投射时,可以表露出一些头绪。男性总是在自己周围的女性身上看到他心中“永远的女性形象”,或者说自己以为看到了。想要做什么事情但遭到周围所有人的反对痛苦不堪时,有女性挺身站出来说:“我相信你!”这会给这个男性极大的勇气,成为他创造力的源泉;反过来,站在成功之巅的男性,也会因为女性一个轻蔑的眼神就被打入万丈深渊从此无法翻身。自古以来,无数的艺术家用手中的笔不断地描写着自己内心永远的女性形象,现在这种努力依然在持续着。我们不用依赖高尚的艺术,也能在周围看到这种男人,过了四十开始陷入男女情爱中,把自己、家人都推进痛苦之中。荣格非常强调人生后半部分的重要性。如果说前半生像是升起的太阳,那么我们就不得不在过了四十,一切都在走下坡路的后半生中找到这个阶段的特有意义。突然感觉到急剧的价值观变化,找不到人生继续下去的意义,都是走下坡路时的典型烦恼。年轻时追求财产、名誉,一门心思不停地向外发展,到这时候才开始意识到往日不曾察觉的内心世界的存在。然后,把存在于内部"心灵"的理想女性形象向现实中的女性身上投射,于是,年过四十的中年男人的恋情开始起航。不考虑到这一点,时常会很吃惊:恋情的对象怎么会是这么一个"让人意想不到"的人呢?非常古板的学者型的男性被娼妓型的女性搞得神魂颠倒,唐·璜一样的男性突然向清纯少女宣言矢志不移的爱。表面上相当荒唐无稽,但慧眼的人应该可以看到男性愚蠢透顶的恋情下掩盖着他具有发展可能性的闪光之处。实际上,通过不惜一切地把自己和一个具体的女性绑架在一起的行为,男性或许能够发现存在于心灵世界的阿尼玛因素,在与阿尼玛搏斗的过程中,丰富自己的心灵世界,向着具有更高统合性的人格发展。

如果我们通过心理分析来追究阿尼玛的特性,其实就是在走一条沿着人格发展过程延伸下去的路。最早阶段出现的形象,与其说是阿尼玛,更恰当的说法可能应该是"母亲形象"。实际上,母亲经常成为每个人阿尼玛意象的母体,母亲所具有的温暖、甜蜜,以及永远把孩子据为己有的强烈占有欲，在阿尼玛意象的性质中都有所继承。屈服于母亲的甜蜜和吞没特性（devouring quality）中，离不开母亲怀抱的人，阿尼玛的发展也会受到抑制，这样的人很多。停滞在这个阶段的男性，浅薄滥情的唐·璜型比较多。不能说所有唐·璜型都是这样，但其中不少都是因为在异性中寻求母爱，得不到满足就一个接一个地更换交往对象。还有些男性，心理上被母亲抱在怀里，却有着征服众多女性的错觉。下一步，就是从母亲形象到阿尼玛意象的转移阶段，这时候会出现代理母亲的意象。“一直都对我很温和的邻居小阿姨”“第一次来访的亲戚家的表姐”等等，又像是母亲，又像是姐姐。这些人的温柔体贴，触发了男性心底难以表达的情感。这既是母亲形象的延长，也代表了“家”外边的魅力。不限于像母亲一样的人物，至少在自己家（或者母亲）以外的地方，存在着能让自己心动的东西。这完全是一种新鲜的体验，为将来从母亲身边独立出去做着准备。经过这个阶段以后，阿尼玛开始登场。按荣格四个阶段的分解方式来划分，第一阶段属于生物学阶段，接下来的是浪漫阶段，然后是精神（spiritual）阶段，最终走向睿智（wisdom）阶段。

在最初的生物阶段，无疑需要女性。能够孕育出孩子是必不可少的条件，这一点很重要。特别是如果强调了其中“性”的一面，作为明确地与母亲分离的象征，娼妓的形象会出现。看上去非常正经严肃的人，在心理分析的某个阶段，出现娼妓型的女性意象，总会大吃一惊。不管怎样，体验了孕育一切的“土地”般的存在以后，哪怕是被动的，也能认识到其意义。达到这一阶段的男性会嘲笑停留在上一阶段的“毛孩子”，挑起些性的话题逗弄他们，自己取乐。尽管他们嘲笑“毛孩子”，但可以说这一阶段的男性即使了解一些生理上的“性”，对女性其实还是一无所知。然后就迎来了接下来的浪漫阶段。在前一阶段，可能只要是个女的，就可以得到满足，现在开始对某一个特定的女性产生了爱。进入这一阶段，男性开始认可女性的人格，并且需要做出非常严格的判断和选择。这里需要特别留意，不要把作为母亲替代物的女性的甜蜜感情同浪漫阶段的阿尼玛意象混为一谈，因为人们经常用“浪漫”这个词来表达前者。但作为母亲替代物的甜蜜感情，说成是“多愁善感”比较贴切吧。到了这个阶段的男性，经常会招致那些被娼妓型阿尼玛附体的男性们嘲笑。我们这里讲的浪漫型阿尼玛，正是西洋文学中倾尽全力、经久不衰地描绘的永恒话题，可以说日本从来都没有过能让这样的话题生存的合适环境。自古以来，日本为了守护“家”这个重要的组织，极力压抑了阿尼玛的成长。作为替代品，可以说娼妓承担了一种使命，负责承接经过提炼的公认的美，在阿尼玛意象中追求感官美（江户时期的艺伎）。“家族”处于至高无上的位置，因而女性的意义被限制在给“家族”孕育继承人的“土地”功能上，人格很难得到社会的承认。在这样的大背景下，阿尼玛发展到浪漫阶段的男性，无法在家庭内部仅体现生育功能的女性身上得到满足，就开始在家以外的领域开发美的化身的阿尼玛。男性不认同妻子的人格，作为补偿，认同妻子的“地位”“名分”。这里，具有“土地”功能的女性力量覆盖全家族，使得多数日本男性永久无法逃出大地一样的母亲的势力范围。到了近代，开始对西洋文化有所了解的日本人，通过文学作品接触到浪漫型阿尼玛，心生无上的憧憬。但即使在现代，现实中能够开发出这个阶段阿尼玛的日本男性还是少之又少。在日本通常被称为女权主义、浪漫主义者的男性，感觉大部分都还只是处于从母亲形象向阿尼玛的转移过程中，停留在代理母亲的意象阶段，下不了决心跟“娼妓型”阿尼玛面对面地决斗。这刚好对应了在这些人身上能够感觉到的“没主见”的特性。

阿尼玛的第三阶段是精神阶段，圣母玛利亚的形象给出了一个典型的表现。在这个阶段，性升华为神圣的爱。圣母，是母亲，同时也是圣洁的处女，让母亲崇高的爱和少女无上的清纯共存。接下来就是睿智的阿尼玛阶段。仔细想想，在第三阶段神圣至纯的阿尼玛之上，还有睿智存在，实在有些不可思议。这也是荣格说的“过犹不及”吧[(3)]。这个阶段的阿尼玛意象的典型形象，我们可以举出全身盔甲从宙斯的脑袋里诞生出来的希腊女神雅典娜的例子。盔甲包裹住的雅典娜面庞带着男性的冷峻和光芒，能让人感到不可思议的深层智慧。用不着专门到希腊神话中寻找，笔者认为日本有名的中宫寺里的弥勒菩萨像也是一个例子。很多人会在这个像中感受到母亲的慈悲,但肯定都能意识到这种慈悲和圣母玛利亚表现出的爱是不同的。而且就算是在这个形象中感受到难以名状的魅力的人,也不会拿她和维纳斯相比较吧。即使有着无上的温柔和魅力,弥勒菩萨像打动我们的可能还是其中蕴含的深深智慧。实际上,分布在日本的菩萨像中,表现这个阶段的阿尼玛的不在少数。而且,众多的观音菩萨既像男性,又可以说有着女性的特征。这一点也有些跟刚才的雅典娜的形象类似,本身是女神,但身着盔甲。进一步看,有些人从中宫寺菩萨的面容上看到浮现出蒙娜丽莎式的微笑,而蒙娜丽莎则可以说是西方表现这个阶段的阿尼玛的代表性艺术品。当然,蒙娜丽莎、雅典娜以及弥勒菩萨既有前述的共同点,也还都有各自不同的特点。第三阶段的圣母玛利亚式意象在日本基本上没有得到过发展,而第四阶段,看上去日本反倒比西方的表现形式更加丰富一些。

以上的四个阶段并不是荣格凭空想出来的,而是总结大量男性心理分析的内容得出的结果,可以说是现实经验的积累和归纳。阿尼玛意象确实复杂奇特,让人很难认可前边这种简单的分类方式。但应该承认,荣格指出的阿尼玛按照阶段发展、很难跳跃过某个阶段的观点,对心理治疗现场有着卓越的贡献。荣格指出,经过四个阶段的发展,阿尼玛意象将不再以某种人格化的形式表现出来,而是作为一个机能(function)将自我与心灵真正的中心“自性”联系起来。阿尼玛,正像是发挥了建立关系(relation)的作用。到这一步,不禁要问:我们通过阿尼玛在自己内心寻求建立关系的自性究竟是什么?关于这一点将在下一章详细讨论,下边再对阿尼玛做一些补充说明。

现实当中,将阿尼玛整合进自己的意识当中的尝试,在某种意义上就是强迫男性去开发自己的薄弱环节,这是一项真正艰难的任务。就像一个无论怎么逞强,或者真的很坚强的人,一旦陷入恋爱,马上就变得软弱、愚蠢。阿尼玛正是通过这样的实际体验教会男性去搞明白什么是软弱。也正是因为内心真正经历了这样“软弱”的体验,男性才能够跟他人建立起货真价实的关系。表面强大的男性,或许有足够的力量去支配别人、命令别人,但没有能力在心灵深层与人对等交往。这也就说明了为什么从事心理治疗的人不可避免地会遭遇到阿尼玛的问题。我们要特别注意的是,“和阿尼玛对决,将阿尼玛整合进自我”与“被阿尼玛同化”,是完全不同的两件事,绝对不能混为一谈。被阿尼玛同化,成为阿尼玛的俘虏的男性,仅仅表现出无意义的娘娘腔,或者简单感情化、陷入感伤不能面对现实等等。确实有一些被称为心理咨询师的男性,给人的感觉非常女性化,总是散发出一种甜蜜的温柔气息,应该说面临着被阿尼玛同化的危险。

荣格认为,一般来说男性首先会被外界期待的是强壮和判断力等，所以构建适合这种期待的人格面具是意象非常重要的人生课题。人在前半生完成了这项任务以后，通常会在后半生（三十五至四十岁以后）开始与阿尼玛的对决。确实是这样。而对外还没有建立起适当的人格面具就开始在内心世界与阿尼玛战斗的人，真有一种腹背受敌的感觉，会将自己置于非常危险的境地。作为例外，艺术家、宗教家，还有我们前边说到的心理治疗师，都会在年轻的时候就不得不应对阿尼玛的问题，特殊的职业，特殊的人群，算是一种宿命吧。

阿尼玛经常会投射到具体的女性身上，但也并不绝对。某种事情、某些物品起到这个作用的情况也是有的。举个比较典型的例子，在美国，家里的车经常起着阿尼玛的作用。男性们互相较着劲买好车，像个宝贝一样地维护着（真的是充满爱心地在照顾车，有时甚至感觉到在爱抚着自己的车），然后喜滋滋地跟朋友谈自己的车。比起男性化的美国女性，车好像更接近阿尼玛的意象。在近代合理主义主流思想的统治下，非合理的感情找不到投射的对象，想想也蛮可怜的。说到这里，也可以思考一下，在快速吸收着美国文化的日本，这种小汽车阿尼玛化的现象走到哪一步了呢？

到目前为止讲到的阿尼玛发展的四个阶段、人格面具与阿尼玛的关系等等，都是荣格基于梦的分析的丰富经验总结归纳出来的。这些是不是就可以囫囵吞枣地应用到日本人身上呢,这还是一个需要探索的大问题。这一问题跟日本人的心性有着重大关联,今后也要持续不断地予以仔细的考察。这里就阿尼玛的话题先告一段落,下一节我们讨论女性的心灵和阿尼姆斯。

3. 阿尼姆斯

对女性来说,相对于外部表现出的符合女性特征的根本性态度,在无意识领域中会慢慢积累起劣势机能的逻辑性和力量。这些表现为梦中的意象时往往以人格化的男性形象出现。这就是阿尼姆斯意象(经常被简单称为阿尼姆斯,跟阿尼玛的情形是一样的)。存在于女性内心世界的这个男性,即阿尼姆斯,几乎毫无例外地用很顽固的方式对外表达意见。荣格认为,阿尼姆斯形成观点(opinion),阿尼玛酝酿情绪。咄咄逼人的女性和情绪化的男性真是世间令人恐怖的存在。这两者都是那么根深蒂固、顽固不堪,令人费解。被阿尼姆斯绑架的女性,张口就是自己的观点:"你应该如何如何。"这类观点作为一般原理来说,无疑具有其正确性,但往往在特定的场面中显得那么不协调。遇到这样顽固的意见,有男性感情冲动地站出来感情化地争论。但实际上,激烈的争论很难带来意见的统一,大家各说各的,永远是两条平行线,只能等着时间来解决问题。女性与自己的阿尼姆斯同化时具有这样消极的一面,当然阿尼姆斯也有着积极的意义。下边详细地讨论这一点。

就像阿尼玛的发展分四个阶段一样,阿尼姆斯也同样可以划分为四个阶段。按照爱玛·荣格(荣格夫人)的方法,四个阶段分别为(1) 力量、(2) 行为、(3) 语言、(4) 意义[(4)]。歌德的《浮士德》中浮士德博士将希腊语的《新约圣经》翻译成德语时，最初将希腊语的"Logos"不假思索地翻译成德语的"Logos"（意为徽标），但后来在希腊语的"Logos"中发现了言语（das Wort）、意义（der Sinn）、力量（die Kraft）和行为（die Tat）等不同的含义，爱玛·荣格就是从中得到启发的。实际上，我们也可以认为阿尼玛强调的是情爱的原理，而阿尼姆斯则强调语言、意义、逻辑和理性思考等等。在第一阶段登场的力量，主要表达的是男性的力量，特别指肉体的力量，以体育健将等形象来表达。对应阿尼玛的第一阶段，这个阶段的阿尼姆斯也应该被称为"低级阿尼姆斯"吧。下一步的行为阶段，比较难清晰地与第一阶段区分开来，可以用坚强意志支持下的勇敢行动的男性形象来表达。海明威就是这样一个典型的形象，所以成为很多女大学生崇拜的对象。

对于男性来说，阿尼玛的问题一般在退化情形下出现，而女性的阿尼姆斯很少以沉浸于空想的情爱形式表现出来，通常会因为一个非常可靠的男性的出现而开始积极地设计自己的未来，充满对未来的期待（多数都是空想，但对本人来说也算是一种想法），然后形成顽固的、不可妥协的观点，"女性都应该有自己的职业""成为我的丈夫的人必须是一流大学毕业的"等等。与自己的观点相比较，外界的一切都失去了价值、了无情趣。浅薄地批判自己看到的一切，渐渐这种情绪开始把矛头转向自己，觉得自己也没有任何价值，作为一个女性非常卑微。沉浸于往事，一遍又一遍地后悔:"我应该去上大学的""当初跟那个人结婚就好了"。这种被阿尼姆斯绑架的女性特征,在格林童话《画眉嘴国王》公主的态度中就表达得非常生动。面对着很多求婚者,公主给他们起外号嘲笑他们,把谁也不放在眼里,统统拒之门外。但过后有几次后悔:"我要是跟那个画眉嘴国王结婚就好了。"(5)阿尼姆斯并不是只有破坏性的作用。在女性内心发生的强烈愿望诱发出从来没意识到的可能性,对新的观念不含偏见地大力支持,这些都有可能起到建设性的作用。当男性被僵化的条条框框束缚着,极力阻挡社会变革时,往往有女性能发现变革的意义,挺身而出担当起革新的使命,暗中成为推进改革的重要人物。女性勇敢地藏匿被敌方追捕的志士,可以说就是这样的一个例子。

阿尼姆斯对现代的女性来说,其重要意义体现在标志着理性原理的"语言阶段"和"意义阶段"。在现代崇尚合理、客观的思考方法的时代精神支持下,女性必须坚持不懈地与自己的阿尼姆斯较量。阿尼玛的特性在于与别人的"和谐"关系上,而阿尼姆斯的特性在于其锐利的斩断能力。明确认识差异,做出正确或错误的判断,真像是快刀斩乱麻。像宾馆一样很大的家里的梦所显示的那样,我们需要警惕阿尼姆斯之剑的恐怖之处。现代的女性,看上去像是用阿尼姆斯之剑和男性在对等地拼杀,实际上却在不知不觉中把自己的女性生命(femininity)剁得稀巴烂。在女性执着的观点背后,往往能找到父亲传下来的家训或者报纸上某些文章的观点(可以参考幽灵协会的梦中幽灵新闻的例子)。现实中,把自己的女性特征全部扼杀掉,用报纸上的观点把自己武装起来的女性,总是让男性敬而远之。但是,女性自己要走上自性实现的道路,就不可避免地要选择一条艰难道路,在活出自己的阿尼姆斯特征的同时,努力整合阿尼姆斯。

而且,走这条路永远有着完全失去自己的女性特征的危险,并总是遭遇男性的强烈抵制,困难重重。若男性还在太母的怀抱里舒舒服服睡觉的阶段,这种倾向就愈加显著,因为女性独立的动向必定要威胁到男性安乐的睡眠。也有些女性回避这些困难,在一般人们认为的女性工作中融合进阿尼姆斯的特性,找到自我满足的方式。比如说,非常高效、合理地处理育儿、家务等工作,乐在其中。但是,在提高这些工作效率的同时,加上生育控制的普及,大多数家庭主妇精力都有了剩余,不知该怎么消费。这些能量不走正道,跟低水准的阿尼姆斯结合起来的话,就会行动起来追求性的冒险。一般来说,女性把性和感情完全分隔开,兴趣只在性上,能够单纯享受性的快乐的人还是比较少,低水准阿尼姆斯的作用下的女性会像男性一样,单纯地追求性的享乐。前边我们提到,唐・璜的行为是为了从母亲那里独立出来而挣扎的结果。同样,这种女性的性历险,踉踉跄跄地四处碰壁,也可以说是一种追求自我实现的努力,只不过这些努力看上去太凄惨。这样的男女都有着不可思议的嗅觉,互相吸引着走到一起，试图依赖肉体的结合来体验心灵的分离。

一般世间的主妇，真的走到这一步的不多，顶多在鉴赏电影、看电视剧的时候代入一下主人公的体验，然后把多余出来的精力一股脑地都灌注到孩子身上。在自己的丈夫身上无法寄托阿尼姆斯的意象，“要是和画眉嘴国王结婚就好了”的叹息逐日转化到孩子身上。自己的愿望形成的想法全部投射到孩子身上，孩子就不得不为了母亲的阿尼姆斯而活着。孩子背负着妈妈的期待，要成长为英俊王子，有能力用温柔的亲吻解救沉睡了 100 年的美女，或者要被培养成用一支名曲赢得满场雷动掌声的天才演奏家。在阿尼姆斯发展的道路上奋进不已的妈妈们，总能得到很多看上去好心的“男性”给她们提供强有力的武器，科学育儿啦、合理的教育方法啦等等。于是，世间诞生出很多“教育妈妈”。看着妻子狂热地培育孩子的样子困惑不已，站在一旁冷笑的丈夫，很多情况下可能依然是个“坐在妈妈的膝盖上”的假男人，还没长大。他一点都没有察觉到，正是自己成为妻子在阿尼姆斯发展道路上的障碍，才逼得自己的妻子不得不变成病态的“教育妈妈”。我们把视野扩展到人的内心世界，再来看夫妇关系，仅仅一方特别坏的情况真是不多。

如果单纯地考虑本人的幸福，可以说，女性根本不要意识到阿尼姆斯的存在可能还会幸福得多。这是很多神话和童话中表达的主题，比如说希腊神话中的丘比特（Cupid，

Eros)和普绪喀(Psyche)的故事就是一例。美丽的姑娘普绪喀被丘比特爱上,两人结婚了。但是丈夫只有晚上什么也看不见了才来,一到天亮就不见人影,不知消失到哪里去了。他对普绪喀说,千万不要看他长什么样。开始两个人就这样非常幸福地生活着,终于敌不过自己的好奇心和疑虑,普绪喀晚上悄悄地点起灯偷看到丘比特的样子。丘比特发现以后发怒,跑了出去。从此,普绪喀开始了自己的苦难历程。故事中克服了很多艰难以后,普绪喀又和丈夫重聚了。我们这里省去故事的细节,重点关注一下普绪喀被禁止看到丈夫的形象这一点。也就是说,美丽的姑娘只要没有意识到自己的阿尼姆斯问题,就可以持续不断地过着幸福的婚姻生活,但好奇心和疑虑不允许她这样。内心已经产生了一些东西,使她不满足于日复一日单纯甜蜜的生活。到了这一步,对所有的女性来说都出现了被逼迫做出选择的时机。就像丘比特禁止普绪喀看到他的样子一样,一般男性都比较讨厌女性内心的阿尼姆斯觉醒。现实当中,有不少女性一直没有觉察到自己内心的阿尼姆斯,或者阿尼姆斯一直被完全压抑着。这样的女性,从没有个性这一点来说,最适合于接受男性阿尼玛的投射,因而总是会受到众多男性的热爱,被很多男性围着吹捧。站在其他女性的立场来看,没有个性、没有能力,完全不能指望她做任何事情,真搞不明白她到底好在啥地方,还这么受男性欢迎,令人费解。同性看来无聊透顶的一个人,却很吸引异性,这也是原因之一吧。

女性一旦察觉到阿尼姆斯的存在，再让她回归无知是不可能的。普绪喀踏上漫长的苦难道路以后迎来幸福的结局，恰好形象地说明，一旦走出这一步，无论多么痛苦都必须坚持走到底，才能够完成阿尼姆斯发展的道路，将阿尼姆斯整合进自己的意识领域。经过艰苦努力以后，阿尼姆斯才能具备更高层的意义。在不失去自己的女性特性的同时，跟随阿尼姆斯的引导，女性的自我与具有更高层次统合性的自性相结合。现在的日本社会中，既有不得不面对阿尼姆斯课题的女性，也有浑然不觉、过着不知阿尼姆斯为何物的幸福生活的人。刚才我们讲到了行走在阿尼姆斯发展道路上的意义，但它确实是一条布满荆棘、艰难困苦的道路，真不忍心刻意去唤醒看不见阿尼姆斯的那些人，但对于那些已经觉醒的人们，必要的时候我们应该尽全力给予帮助。

自古以来，描写阿尼玛的文学作品林林总总，描写阿尼姆斯的却比较少。大多数男性在追求自己心目中“永远的女性”形象，我们可以理解这样的结果。但女性作家是不是就专注于描写阿尼姆斯呢？看看面世的文学作品，好像也不是这样。一是因为男性致力于描写自己内心的阿尼玛，做得太过分了，引起女性作家的逆反。这样就助长她们把更多的精力放在描写现实中的女性，她们要告诉男性，真实的女性不是你们投射的那样。再者，像荣格不止一次地说到的那样，"我找不到一个例子能够很清晰地表达女性的阿尼姆斯人格"[(6)]。荣格指出，男性梦中的阿尼玛人格，往往以一个女性的形象出现（如总是有一个陌生女性在场的梦的系列、海水浴时少女从海底浮现出来的梦都是这样的例子），而阿尼姆斯就经常牵扯到二、三人甚至更多数量的男性形象（可以参照宾馆一样的家里杀人的梦和一人坐在那里与很多男人对打的梦）。那么，我们是否可以推论女性的阿尼姆斯是以复数的人格构成，因而很难用一个统一的人格表达出来呢？关于这一点，荣格夫人讲道[(7)]："自古以来，女性最重要的角色是母亲，人生的大部分时间都作为母亲而活着。反过来看男性不仅是父亲，还有很多复杂的职业上的职责。因而，对男性来说，母亲的意象非常重要，所有的女性意象都脱胎于母亲，所以阿尼玛的形象就比较单纯，对所有男性来说就有着比较统一的样式。反过来，女性的阿尼姆斯意象尽管有父亲形象的影响，却没有男性的母亲意象那么单纯，受着各种各样复杂的男性形象的影响，很难形成一个独立的人格。"这可以说是相当有启发意义的观点。

接下来我们要说，当阿尼玛、阿尼姆斯介入现实的实际生活中，事情就会变得非常复杂。一对男女关系中间，有了阿尼玛、阿尼姆斯插足，真可以说变成了四个人的关系。男性被阿尼玛同化，会变得娘娘腔，缺乏男子汉气概，被人瞧不起；女性被阿尼姆斯同化，又会被周围指责没有一点女人味儿。但是,一旦意识到这个问题,即使冒着被同化的危险,我们也应该为了整合自己内部的阿尼玛和阿尼姆斯而做不懈的努力。只有走过了这样艰苦的路程,一个女性,或者男性,才有可能在自己的人格中包容强、弱两个方面,使得自己的人格更加丰富多彩,活出自己的个性。从这个意义上来说,阿尼玛、阿尼姆斯已经不是威胁到我们的男子汉气概或者女性特性的事物,而是具有更高层面意义的功能。这样的人生道路,用荣格的话来说就是个性化的过程,详细的我们将在下一章讨论。

参考文献:

(1) Jung, C. G., *Basic Postulates of Analytical Psychology*. C. W. 8, p. 345.

(2) Jung, Emma, *Animus and Anima*. The Analytical Psychology Club of New York, 1957. 书中有很多天鹅少女的例子。

(3) Jung, C. G., *Psychology of Transference*. C. W. 16, p. 174.

(4) Jung, Emma,同(2),p. 3。

(5) 格林童话中广为人知的《青蛙王子》《睡美人》和《画眉嘴国王》都可以说是启发女性自性实现(阿尼姆斯)的大作。

(6) Jung, C. G., *Mind and Earth*. C. W. 10, p. 41.

(7) Jung, Emma,同(2),p. 28。

第九章

自　性

第三章我们讲到过，荣格很早就注意到意识和无意识的互补作用，对心理整体性（psychic totality）怀有浓厚的兴趣。最能够清晰地说明荣格相关思想的是他提出的“自性”概念。这应该说是荣格心理学思想的核心，可以毫不夸张地说荣格贯穿一生都在潜心于自性的研究。按荣格自己曾经说到的那样[(1)]，自性概念与东方的思想联系非常密切。荣格的思想像是架在东、西方文化之间的桥梁，对于致力于把西方文化带到东方来或者要想在西方传播东方文化的人来说，具有不可忽视的重要意义。首先，我们谈一下与自性有着密切关联的个性化过程。

1. 个性化的过程

到目前为止,我们讲到了人的类型、人格面具、阿尼玛、阿尼姆斯等等,想必大家也意识到这当中总是存在着互补关系。比如说,内向和外向、思维机能和情感机能、人格面具和阿尼玛(阿尼姆斯)等,互相与对方各处两极,但特性又互补。人类的心灵就靠着这些要素之间的动态变化支撑着,因而其构造具有整体性和统合性。荣格一直非常关注这一点。本来,我们的意识就是以自我(ego)为中心,具有一定的稳定性、统合性。正因为这样,我们作为一个独立的人格才能得到外界的承认。但是不止步于处于稳定状态的自我,即使冒着稳定性会崩溃的风险,人们也总是志于更高层次的统一性。在人类的内心世界总能找到这样的迹象。我们在第六章里谈到的幼儿园儿童的画就是心理变化的一个典型例子。在这个例子中,令人印象最深刻的是蜗牛在家里住得好好的,但好像有一种要把两者强行拉开的力量在暗中涌动。想想看,小女孩儿在家里住得舒舒服服,一直就这样子住下去不是很好吗?但就是有一种内在的力量要破坏这种稳定状态,并试图以此为起点达到一个更高水平的统合状态。过程中的努力已经形象地反映在孩子一系列的画中。像例子告诉我们的那样,实现个人内心世界存在的可能性,将自我提升到更高层次统合状态的努力过程,荣格称其为个性化过程,或者自性实现的过程,并认为自性实现是人生的终极目标。我们实施心理治疗的目的，也不外乎于此。

像幼童的例子所明示的那样，我们的意识状态即使处于稳定状态，也会产生一种突破稳定，继而引导自己向着更高层次的统合性进步的过程。这种动态的功能早已超出了意识的中心——自我的范畴，就是说，意识的状态非常稳定，自我的力量根本无法感知到变化的紧迫性。就像这个女孩子，被调皮的男孩子们欺负，被说最近很嚣张，即使冒着这样的风险，还是会有向着更高层次的统合性迈进的力量出现。荣格认为这种超越了意识领域的中心存在着可以称为自性的东西。如果说自我是意识的中心，那么自性就是包括了意识和无意识在内的心灵整体的中心。自性，是意识和无意识整合功能的中心，也可以认为是整合人的心灵内部所有对立因素——如男性的和女性的、思维机能和情感机能等——的中心。荣格在1921年出版的《人的类型》中非常明确地整理、发表了这些观点，但其萌芽早在1902年发表的博士论文中已经可以找到[2]。在博士论文中，荣格指出，双重人格提示我们，新的人格发展的可能性遭遇到特殊困难而受到妨碍，其结果作为意识的障碍表现出来。也就是说，那时荣格就已经力图从双重人格和梦游的行为中寻找具有这

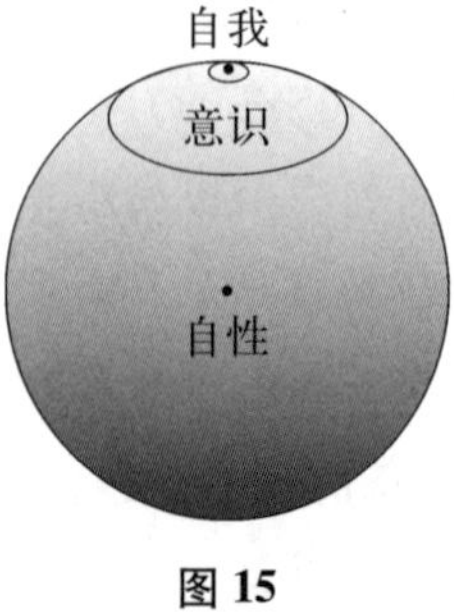

图 15

种目的的意义(teleological significances)。

在那个时代,人们探究双重人格、梦游等意识障碍,基本出于临床的需求。为了说明这种现象,人们认为行为背后存在着无意识的心理过程,弗洛伊德和荣格在这方面有着共通的认识。但与弗洛伊德努力把这些还原为无意识范畴内性的动因相比,荣格基于心灵整体性导入了目的论的观点。这是两者最显著的区别。一位因同性恋和梦游而苦恼的瑞士高中男生到笔者这里来进行心理治疗,在谈到同性恋的对象时,当事人突然喊了起来:“啊,这么看来,他就是我呀!在我的内心,希望自己这样,希望自己那样,希望的样子就是他呀!”沉浸于同性爱中,睡着以后梦游去见同性爱的对象,完全是一种异常行为。但是不应仅仅从病理的视点来看这种超出常规的行为,更应该从中看到他对人生所抱的期望,看到一种不惜采取异常行为也要弥补人格中欠缺的部分,以达到更进一步的统合状态的艰苦努力。这一点非常重要。其实,通过掌握荣格有关自性的思想,我们可以从一些表面上看来有些病态或者异常的行为中,发现向着高层次努力的心灵动向。正因为这样,才能从心理治疗的工作中体验到非常重要的意义。心理治疗工作的目的不是要消灭一个高中生的同性恋行为,而是从中找出自己内心潜在的可能性,与当事人共同走过将潜在可能性整合进自我的过程。从这个观点来看,同性恋现象不失为促进这位高中生走上自性实现之路的一个起点。

就这样，荣格从双重人格等异常行为中发现了意识和无意识的互补功能，强化了他对心灵整体性的确信。特别是在接触到东方思想以后，这个观点渐渐具有了更加明确的形式。他在为1929年理查德·威廉（卫礼贤）翻译出版的德文版《太乙金华宗旨》（又译为《金花的秘密》）做的解说中更加明确地讲到这一点[3]。面对互相对立的阴阳，中国道家思想统观两者的相互作用和对立以把握全貌，可以说荣格从中受到重要的启发。他说道："我们不能将目光仅仅放在意识的世界，要充分了解无意识的重要性，更加关注两者之间的互补作用。这样，就能够悟出我们全人格的中心已经不是自我，而是自性。"[4]也就是说，无论如何自我只能算作是意识的中心，而作为包含意识和无意识的整体的中心，产生了自性这个概念。荣格接着又解释道："自性既是心灵的整体性，又是心灵整体的中心。自性不等同于自我，就像一个大的圆包含着小圆一样，自性包含着自我。"[5]那么，可以想来，体验这么伟大的自性一定伴随着巨大的风险。就像我们曾经讨论过阿尼玛和阿尼姆斯具有正面和负面一样，自性也同样包含着阴暗的一面。很容易想来，当自性的伟大完全吞没了自我，自我就丧失了存在的空间。换句话说，就是心灵的整体性全部沉没进无意识的世界，而无意识所具有的"时间、空间的相对性""部分与整体的等同性"等等出现在意识范围内。精神分裂症等病症中的妄想性内容就是典型的例子，自我不具备恰当的力量时，就会面临这样的危险。与这种情形相似的还有,自性的伟大转移给自我,引起了自我与自性的同化,造成“自我膨胀”(ego inflation)。时时刻刻处于和自性正面较量的危险职业,如心理治疗师、宗教家等,比较容易陷入“自我膨胀”。本来最应该保持谦虚态度的宗教人士、心理治疗师们如果显示出俗不可耐的傲慢,也算是一种“自我膨胀”吧。也有一种人标榜自己谦虚的美德,可能没有察觉到面子上的谦虚正是靠着无意识的傲慢贴上一层衬里才得以成立。与这么危险的自性对决,自我必须足够强大。

关于在自性实现道路上自我的重要性,荣格说道:“对于自我所具有的片面性,无意识生成了补偿性的象征,意欲成为两者间的桥梁。但没有自我积极的协同姿态,事情是无法发生的。这是我们必须注意到的重要事项。”(6)也就是说,首先需要自我足够强大,强大到有能力主动向无意识的世界敞开大门。通过自我与自性间的对决和协作,才有可能走上自性实现的道路。从这一点可以看到,荣格在大量接受了东方文化思维的前提下,表达了与一般东方思想的不同之处。像荣格时常指出的那样,东方在很久以前就开始关注人的内心世界,特别是自性的问题,比起西方,东方思想在这些方面了解得更多。因此,东方人可能会动辄强调自性的伟大,而没有意识到这些或是以牺牲自我为前提的。为了超越个人范畴的伟大,牺牲个人存在的价值,这种观点和生活态度在东方非常有势力。或者说,被内部世界占据了整个身心，完全忘掉了和外部的联系（自我的功能正是要面对外部）。在众人面前表演水上行走的瑜伽修行者，沉到水底丢人现眼，算是一个典型的例子。不难想象，修行者一定在自己的内心世界体验过时间和空间的相对性，但把这种体验无条件地往外部世界扩展时，就出了问题。

忘记自我的存在，修行者落到水里成为大家的笑柄。那么反过来，忘记了自性存在的人又会是什么样呢？在不断地强化、发展自身意识体系的同时，无意识的事物，也就是缺乏合理性的事物、劣等的事物都被压抑住，具有强大自我的人会构建起令人瞩目的社会地位和财产等等。自己的地位、财产和工作，这些都令人感到自豪。但走到这一步的人，有可能会在某一天突然发现自己从这些东西当中再也找不到“意义”。简单说来就是，突然开始觉察到自己与自己的灵魂完全切断了关系。荣格说过，他的患者中约有三分之一就是因为搞不清楚人生的意义而来的。其中甚至还有些人外表看来对什么都很适应，但自述“就是因为适应得太好而苦恼”，这真是一个背离常理的表达。为了安抚这些人在追寻失去的心灵时表现出的焦虑，现代文明带来了很多可以暂时忘却焦虑的工具。很多人仅仅为追求刺激，看些低俗的电影或者投入赛车赛马的赌博。众多现代发明为人类节约了时间，但同时也制造出很多浪费时间的东西，如电视等等。看上去在防止走极端，但再恢复已然断裂的与心灵的接触却不那么容易。我们仅仅嘲笑落到水里的瑜伽修行者是不够的。是不是应该把电视、洗衣机什么都扔掉，隐于禅寺？实际上，确实有很多人试图用禅这种日本自古的传统方法来恢复心灵，我们需要毫不含糊地承认这样做的意义。但是，要注意到很多人不是真的在寻找某一个适合自己的方法，而是到处求救，看到什么都想试一下。需要强调的是，在不失去与外界联系的前提下，对自己的内部世界也要打开窗户。消化现代文明的同时，努力与自己内心阴暗的部分建立联系，这才是最重要的。在这方面，荣格被东方的思索深深吸引的同时，坚持强调自我的重要性，主张自我与自性的相互作用和对决（Auseinandersetzung），这些令我们不得不感受到其思想之深刻。

纸上谈兵容易，真到实际应用的场合，危险重重，路途艰难。实际上，甚至可以说，当一个人准备面对自己的自性时，也正是他最危险的时候。这时候，很多人体验到自己以往赖以生存的价值观遭到彻底的颠覆。一直对思维机能确信不疑的人，不得不面对情感机能时，束手无策，畏缩不前；非常轻视女性的男性某一天突然发现自己一举一动都带着点娘娘腔，吃惊不已。前边的几个章节中我们已经给出了很多例子，某人觉察到自己的阴影，力图将其整合进自我；具有男性人格面具的人遭遇到自己的阿尼玛。这些，都可以说是自性实现过程的一部分。而且，我想读者也早已领悟到了过程的危险性。实际上，在自性实现的道路上，我们甚至往往要背弃自己深信不疑的、绝对正确的东西。荣格说道:“什么都好的东西往往很贵,而人格发展是最高价的东西。”(7)想来这一点我们是能够赞同的。

就像前边已经探讨过的那样,当我们在内部意象的世界里追究自性实现的过程时,依次会发现阴影,接着是阿尼玛(阿尼姆斯),然后有自性,也发现了阿尼玛和阿尼姆斯自身同样存在着阶段性,这些可以说是荣格思想的特性。但我们的目光并不局限于内部世界,借助外界和内部巧妙的结合,加之起到桥梁作用的投射机制的帮助,我们能够将内部的发展与外部发展连接在一起。因此,如果在自己的心灵内部探究阴影的人,把自己阴影的意象投射到邻近的朋友、兄弟身上,那么与这些人在现实世界中的人际关系也会很微妙地纠缠进来。内部阴影的整合取得进步时,外部的人际关系也会得到改善。内外关系错综复杂,很难说哪个是哪个的先行条件。一次荣格讲课结束后,有学生问道:“先生说的自性实在难以理解,能不能用具体的东西来说明一下自性到底是什么?”荣格回答:“现在这里的所有人,都是我的自性。”也就是说,自性实现,绝不是自己一个人的事情,这个回答非常明确地告诉我们自性实现的过程是如何与他人密切相关的。有关这个问题我们再用荣格的话重复强调一遍(8),就是“个性化具有两个主要的方面。首先是内部的和主观的综合过程,同样不可缺失的另一面是客观关系的过程。某一面在某一时刻或许会占据优势的地位,但仅有一面是绝对不能够存在的”。有人把心理分析理解为

"通过分析了解自己",好像把自己的内心放在显微镜下窥视一样。这样的人一旦开始心理分析,早早地就不得不面对改变与他人的关系,甚至与对方对决等重要的人生课题,开始品尝"心理分析"的苦酒。因为,在割裂了与他人的关系的前提下仅仅了解自己,是不可能存在的。笔者也是在分析的过程中频繁地体验到荣格所说的内部和外部过程的巧妙结合,痛感自性实现的道路上内外两面的深刻意义。"心理分析"过程,对当事人持续不断地提出要求,这就需要既活出自己的内心,也活出自己的外部世界。

荣格提出的自性实现的思想,以及思想中包含的对人类内心成长的所有可能性的信任,反映到其后很多心理治疗学派的思想体系当中(直接受影响的例子并不多见)。但在美国,人们看待自性实现时,只盯着光明的一面而忽视了荣格提到的很多阴暗部分,我个人认为有些盲目乐观的倾向。作为从事心理治疗的一员,深深了解相信人成长的可能性是非常重要的,但是也必须清醒地认识到伴随着自性实现的危险和痛苦。自性的问题,也同样表现出荣格心理学的特征。我们不应仅仅停留于对其存在的假定,而要努力把握自性的象征性表达,持续不断地研究下去[(9)]。这点,我们换一节来讨论。

2. 自性的象征性表现

前边说到过，自性实现是人生的终极目标。但并不意味着存在一个静止的终点，能让我们把这个终点命名为自性实现。从前一节讨论中已经可以很明确地看到，自性实现是一种持续不断发展的过程，过程本身就是人生的重要意义。现实中，我们不可能完全了解自性本身，只能通过自性的象征性表现将其功能意识化。能够这样把握到的象征会以各种各样的形式浮现出来。像我们曾经讲到过的那样，阴影、阿尼玛和阿尼姆斯会以人格化的形象出现，自性也会被人格化。自性的人格化会产生一种超出人类的性格，比如说，对男性来说是智慧老人，女性则往往以至高无上的女神形象在梦中出现。这种人格意象经常出现在童话当中，主人公陷入重重困难找不到出路的时候，会突然出现一个饱含智慧的老者，给出忠告或者建言。实际上，在我们的自我面对问题且经过意识层面的种种努力依然打不开局面陷入绝望时，自性的功能就开始启动。自性在远高于我们现在所处的层面有过解决问题的体验，因而老人出现的方式生动地表达出自性的功能。有关这样的老人，荣格在《童话中的精神现象学》中曾举例做过说明[(10)]，他们都有着常人无法企及的洞察力。荣格举的高加索童话的例子中，王子殿下要造一座谁都挑不出缺点的完美寺院，一位老人出现了，提出意见："太可惜了，基石不大端正。"王子听说，马上按老人的意见重建。老人又发现缺陷,又重建,就这么重新盖了三次。故事中的老人就具有这么不可思议的智慧,别人眼中完美无缺的东西他能看得出缺陷。东方文化中的仙人正是这一类人物的典型。芥川的《杜子春》中出现的仙人就是一个好例子。还有就是扑朔迷离的老子人物意象,在中国人和日本人的心目中都占据了重要的地位。在"老子"的名义之下,凝聚了东方人怀抱的"智慧老人"意象,历年经久,形成一个完善的人格形象。我们前边看到的梦中白色祭司和黑色祭司的例子,可以说也是具有这方面浓厚意义的人物形象。如果是女性,则以大地母亲、至高无上的爱神等形象出现。灰姑娘想去舞会时来帮助她的仙女,就是一种典型,在主人公束手无策的时候出手来搭救她。

自性的人格化形象,不局限于我们刚才提到的这些老人形象,有的时候也会是孩子。"具有老人智慧的孩子",看上去很矛盾,但实际上强调的是自性实现过程的"逐渐形成"(becoming)特性。作为自性以儿童的形象出现的例子,可以参考圣克里斯托弗的故事[11]。克里斯托弗非常强壮有力,所以立志伺奉最强大的人。最初做国王的随从,但看到国王很怕恶魔,就去跟随恶魔。接着发现恶魔很怕十字架,就决定如果能找到基督,那么从此就侍奉基督。寻找最强者的过程中,一位牧师指点他在一条河的浅滩那里等着。克里斯托弗听从了牧师的忠告,等在浅滩。一边把很多需要过河的人背过去,一边静候着基督的出现。一个暴风雨的夜晚,有个小孩子来请求他背自己过河,他想着小孩子这么轻,应该是很容易的一件事,就背着孩子过河。谁知道,背上的孩子越来越重,他的脚步也越来越沉重,越来越缓慢。终于到达河岸时,他感叹着"简直像背负着整个世界一样"时,突然醒悟到原来背上的正是他一直在等待的基督。接着,基督宽恕了他的罪恶,给予他永远的生命。

故事里有着儿童形象的基督意象,可以反映出自性多方面的要素。克里斯托弗尽管非常夸耀自己的强壮,但在背负一个孩子的时候却感觉到力不从心,非常形象地说明自我所谓的强大相对于自性来说是那么的无力。然后他极力负重前行,说明了自性实现的道路总是伴随着艰苦的负担。荣格说过,自性实现的代价非常高。现实当中如果可能的话,自性实现可以说是一条让人避之唯恐不及的艰难道路。神经症的患者,就是因为拒绝了自性实现的苦难而不得不体验另一种形式的苦难,这也说明患神经症的人内心具有自己还未曾察觉的发展的可能性。自性以儿童的形象出现,既说明了无限发展的可能性,反过来,也让人一眼看上去觉得非常微弱,没什么价值。克里斯托弗一开始只觉得不过是个小孩儿而已,实际上却是背负着全世界一样沉重的基督,毫不在意地把孩子放在肩上以后,才体验到事情之重大。故事当中,克里斯托弗接受了孩子的请求,背他过河。但很多人会觉得一个小孩子的话有什么好听的,不用管他。以直觉机能为优势机能的人往往比较轻视感觉机能,内向的人看不起外向的人,互相懒得搭理,就会发生这样的事情。可以说这些人就是在人生的过程中把珍贵的诞生新生命的机会生生地扼杀掉(参见人工流产的梦)。

能够正视自己内部劣势的部分并将其整合进自我,这种努力称为自性实现。当自性的象征强调这种统合性时,会以相反的事物合二为一的男女结合的姿态体现出来。正所谓阴阳的结合。很多童话都是以王子与公主结婚为主题,就是一种例证。前一章讲到的普绪喀和丘比特的故事也是这样,不得不将阿尼姆斯整合进自己的意识当中的普绪喀,经过重重苦难终于和丘比特结合在一起,故事得以完结。相对于以合二为一表达出的整体性,缺失一半的象征在童话里往往以结婚当天新娘或是新郎走失了、变成石头了等形式来表达,梦中也会出现同样的主题。当整体性的象征不以人格的形式,而是以几何图形的形式表现出来时,就是曼荼罗。

对患者梦中或者幻想中看到的以圆、方形等为主题的象征性图形,荣格注意到其中存在着从患者心灵内部自发地产生的东西。这些图形出现的意义,有些对患者本人来说可能难以理解,但经常伴随着安宁的感觉、和谐的情感,有时甚至能让人感受到治愈的起点。荣格非常重视这些现象。后来当他接触到中国西藏地区的文献,了解到在东方以圆和正方形为主题的各种各样的图形具有深刻的宗教含义，被称为曼荼罗。荣格从中感到东西方文化的呼应，被深深地吸引了。荣格从患者那里搜集过很多象征图形，这些不可能都是当事人事先对东方曼荼罗有所了解才画出来的。对提出人类集体无意识概念的荣格来说，这个现象当然具有特别的意义。原本曼荼罗是梵语，词义有很多。根据梅尾祥云的《曼荼罗之研究》(12) 所述，在印度最古老的文学《梨俱吠陀》中，曼荼罗意为“区分”，而巴利圣典《长部》中则表示“圆环”，密教中则表达本质、道场、坛、聚集这四种概念的集合。关于曼荼罗代表着“本质”这一点，我们可以引用梅尾的文章(13)：“原本曼荼罗（mandala）是由词干曼荼（manda）加上词尾罗（la）构成的。曼荼意为心髓本质，用于味道则指将牛奶精炼再精炼以后的醍醐味。罗是梵语的词尾，意为所有、成就，因此曼荼罗就是‘具有本质心髓’的意思。”

这里引用的曼荼罗的词义，与荣格的自性象征的表现有着相当高的一致性。只是东方的曼荼罗作为宗教冥想的对象而存在，具有比较高的普遍意义，而荣格提倡的思想则侧重于个人的梦和幻想（当然，东方的曼荼罗也有些是从梦或幻想中得到启发）。荣格说到，在某个人经历心灵分离或丧失统合性时，内部意欲整合心灵整体的作用便以曼荼罗的形式表现出来。“这很明显是自然产生的自我治愈（self-healing）的尝试，并不来自意识的自我反省，而是本能的活动。”(14) 幼儿园孩子画的彩色图的第Ⅳ图就是一个很好的例子，几何性的图（花坛）恰好表达出失去统合性（家和蜗牛分离开了）的心灵在内部完成“愈合裂缝，再度走向统合”过程时自性的曼荼罗。我们多加关注，就能发现儿童在面对这样的危机并试图摆脱困境时，经常会画出曼荼罗式的画[15]。或者如图 11，荣格从患者们画的曼荼罗中选出来的一幅，这是成人画的，所以表现形式比起幼儿的显得更加精炼。西方患者画的曼荼罗，在荣格的著作中有不少例子，大家可以参照原文[16]。曼荼罗，可以是最简单的圆，也可以是前边那些比较复杂的图形，甚至有立体的曼荼罗。这些表现通常由“四”的主题构成，但也有“圆”和“三”“五”构成的超出常规的表现。虽说不是曼荼罗，第七章第五节最后梦的系列中，三位男性和一位女性的组合，由第四位陌生女性引导顺河流而下，可以解释为表达了四这个数的完整性，以及阿尼玛作为通向自性的中介所起到的作用。

一个人意识到分裂的危机或者感觉到强烈缺乏统合性，但又没有好的解决方案处于困境时，会通过曼荼罗的出现以获取心灵的平静，进而向着新的统合状态努力。我们在工作中见到这样的过程时，不得不对人类追求内心世界统合状态的趋势、人类具有的自我治愈能力而感铭于心。既有曼荼罗几何学精密的特征又贵重得难以轻易入手，这两种特性重叠起来，宝石经常就会成为自性的代表。在童话中，主人公为了寻找宝石历尽千辛万苦的故事不胜枚举。在日本，可能因为原本宝石就比较少，于是赋予了石头很重要的意义。但比起宝石的几何精密性,往往更强调石头在自然姿态下的美学和宗教意义。这些和西方的情况作一下比较,非常有趣。比如说西方的庭院,在正正方方的院子中央设置一个圆形的喷水池,四角竖起塑像,总是非常重视几何形状。而日本的庭院,几乎在所有的方面都极力回避几何的对称性。正因为双方都具有深刻的宗教含义,不同之处尤其引人关注。

如果要强调自性中至今尚未开发出的特征,其象征经常会以动物的形式表现出来(童话中总是有帮助主人公的动物出现)。这一部分我们就略去不谈了。总之,以上我们已经列出了自性主要的象征,这一节就到此结束吧。下一节我们讨论一下自性实现过程中的“时间”问题。

3. 自性实现中的“时间”

前边已经说到“自性实现的代价很高”，绝对不是在地上捡起个大钱包那样的甜蜜故事。自古有很多故事，描写为了找到埋藏的宝藏费尽九牛二虎之力、克服重重困难之后方得结果。自性实现的过程中一定伴随着这样的苦难。有时甚至具有很强的破坏性，使得自性实现的过程沦陷为自我灭亡。我们借助荣格举的典型例子来做一说明(17)。

这是一个一般劳动者经过多重辛苦后终于获得成功、成为企业经营者的事例。最初他仅仅是一家工厂的印刷工人，经过二十年的不懈努力，终于有了一家自己经营的大规模印刷企业。企业的生意非常兴隆，这位当事人越来越热衷于工作，所有的精力都投入其中，无暇旁顾。正是因为他热心于工作，才筑成了事业发展的基石，但这个热情也引导他走向毁灭。几十年的努力过程中，他压抑了生活中其他一切需求，专注于工作，作为补偿，记忆当中强烈地浮现出幼年时期对绘画和图案的爱好。如果仅仅把事业之外的能力与自己幼稚的欲望联系在一起，接受这个现实，让它成为一种业余爱好，应该不会出什么问题。但长年受到压抑的愿望之强烈，不允许他将其局限于平淡无奇的余暇兴趣领域里。于是，他试图将自己印刷公司的产品都做得更加具有“艺术性”，而且真的行动起来去现实中实施这个空想。按照自己幼稚的、未成熟的喜好制作自己公司的印刷产品，没过几年，事业理所当然地以破产而告终。回头反思这个过程很容易看出，在现代文明的社会里不惜牺牲一切、一心不乱地努力实现自己追求的目标，行为过于极端时，内心受到压抑的幼稚欲望积蓄起来，反倒击败了在社会上已经获得成功的自我。他倾心灌注给事业的心理能量，不断地向外扩张、流淌，当事业到达顶峰“时”，心理能量转向内心世界，开始逆流。对于本人来说，本来静静地待在内部世界，具有崇高意义的绘画、图案，终于与外部世界混为一谈，当事人试图把它们作为商品输送给外界。这正是走向毁灭的关键。如果他能划分清楚内部和外部的界限，不把事业和爱好搅和在一起，认识到内心世界幼稚的一面，并逐步摸索出与之相处的方法，我想他的自性实现过程不会迎来这么惨烈的结局。这个例子，给我们明示了自性实现的危险性，也说明全神贯注于事业发展的当事人，迎来了不得不关注内心世界的时刻。这里，我们来仔细探讨一下时间的问题。

如例所示，荣格时常反复强调人生的后半部分会出现这种重要的时机。青春期，作为人确立自我意识的重要阶段得到众多学者的重视，除此之外，荣格还强调了人生走到后半时的转换期，四十岁左右时的重要性(18)。如果把人生看作是自性实现的过程，那么它就必须具有保持发展、进步不止的性质。但实际上人生并不是一个均匀的发展过程，而是会在一些特定的时间段呈现出比一般时期更加强烈的趋势。众所周知的第一、第二反抗期，就是表现比较显著的时期。比起之前的时期,我们会更加努力地要求确立不同于以往的自主性。这种具有飞跃性的时期,必然是“危险的年龄段”。为了飞跃而积攒的能量,时常会发挥其破坏性,因而形成该年龄段多发的反社会性和反社会行为现象,将自己与他人都拉进泥坑。在这两个显著的反抗期之间,六岁(小学入学之前)和十岁左右(小学三、四年级)时,不像这两个反抗期这么明显,但也有类似的时期(可以参照第六章绘画的六岁孩子和第四章第三节的九岁洁癖男孩的例子)。我们不再继续讨论这些阶段的详细情况,但是要理解内心世界的发展阶段到某种程度具有与年龄相关的特性。

关于表现与年龄相关的发展阶段,日本人内心根植着一个理想的姿态,那就是孔子著名的语录。不惑、耳顺等等词汇已经成为年龄的别称。除了孔子的理想人生阶段的表述,格林童话中也有关于人的寿命的简单故事,直白地表达了一般人的成长阶段。这是个比较欢快的故事。上帝给了驴子三十年的寿命,驴子实在受不了每天繁重劳动的折磨,讨厌漫长的生命,于是上帝答应给他减去十八年寿命。接着,狗、猴子都开始嫌寿命太长,上帝给他们分别减去了十二年和十年。只有人觉得寿命太短实在遗憾,要求增寿,上帝就把给驴子、狗、猴子减掉的十八年、十二年、十年合起来都加给了人,这样,人就有了七十年寿命。人还不满足,但也没办法只好退下去。从此以后,人在过了三十年像人一样的日子以后,接着就是十八年驴子一样辛苦劳作的年月,然后像一只即使想咬人但是牙都掉光的老狗一样过活，最后等待人的是十年猴子一样的孩子气的生活。这个故事，形象地说明了人生的阶段。实际上，如果所有的动物都在自然状态下生活的话，也就不会发生祈愿寿命的事情，按照本能生活、按照本能死去就好。但是动物中只有人拜托上帝延长自己原有的天然寿命。有趣的是，上帝也没办法无限给你延长，只能把其他动物退回来的那些加到人头上。可以说，这个故事既承认了上帝与一般自然物不同之处，同时表明上帝也必须在自然规律的范围内行事。按照这个故事所讲，延命之后的人生谈不上非常幸福，对于现代人来说，好不容易得到的七十年的寿命总不能像故事里那样动物般地活着，得活得像个人样吧。有些人不畏惧上帝，制造出各种各样长生不老的药，期待比七十年的寿命活得更久。但无论多么乐观的人，也不会认为通过吃药（至少在科学的范围内制造出来的药）就能够永远回避死亡吧。

这样，在三十岁以后的人生阶段，如何不像驴、狗和猴子一样生活，就是我们作为人的重要生存意义。但是，人在这上边比较容易犯的错误是期待自己前三十年的生活丝毫不变地延续到七十岁。他们固执于自己前三十年的人生，依旧想以“年轻”“强壮”为卖点而努力，热心工作、扩展事业。然后就像我们刚才的例子那样，给别人看的成功到了突然止步的时刻，已然活到五十岁的人，一直无暇顾及自己的内心成长，精神上还像是三十岁的年轻人。接着，就身不由己地从年轻时代直接跌落至“猴子的年代”。为了避免这样的事态,我们不能永远执着于三十岁之前的人生,而是到了四十就过四十岁的日子,到了五十就像五十岁一样生活,充分地按适合自己年龄的样式生活。人生的时间阶段是非常重要的事情。人已经到了六十岁,为什么紧紧抱住三十岁的青春不愿意放手?六十岁一定有六十岁的味道。荣格也曾经叹息:自古以来的“老年智慧”跑到哪里去了?(19) 在美国,老年人总喜欢以依旧年轻力壮而自豪,父亲变成了儿子的好哥哥,母亲则恨不得成为女儿的妹妹。形成这样混乱的局面,或许是以前无条件地尊重老人的逆反心理造成的,但走到这么极端的地步,也真让人闭口无语。我们如果真的想以人的姿态活过自己的完整人生,就不能一味地追求表面虚荣的成功,在人生的后半段就需要活出“用走下坡路的方式成就自己的事业”这样自相矛盾的精彩。荣格这些关于人生后半段的论述对东方人来说或许不是什么新鲜的观点。我们甚至不必搬出孔子来,看看东方的宗教、哲学等,可以说到处充满着“老人的睿智”。那么我们是不是就可以说把荣格的思想介绍给日本人是完全没有意义的呢?事情又不是这样。就像我们刚才讲到的美国父母,不能说日本就没有年轻夫妇正朝着这样的理想在努力。

刚才讲到,人一般会在特定的年龄段感觉到自性实现的迫切性。但对某一个具体的人来说,这样的“时刻”究竟什么时候会来临却是不确定的。而且经常会在本人完全料想不到的时候突然出现。过于潜心于工作、所有的精力都花费在工作上的印刷工厂经营者,少时的记忆突然浮上心头,不由地想做点什么。正好在个人的事业走完了上升之路,接着要转向急剧下坡路的节点上,这个“时刻”悄然到来。或者第四章游戏疗法中的孩子,沉浸在游戏中手、脸脏得一塌糊涂,第一次主动地去洗手,从治疗师手上接过手帕的“时刻”,也完全超出治疗师的预想,不期而至。我们要区别对待这样“具有深刻意义的时间”与时钟测定的“时间”。按照保罗·蒂里希[1]的定义,我们把前者的时间称为“kairos”[2],即具有重大意义的时刻,后者的时间称为“chronos”[3](20),即单纯的时间。自性实现的问题与“kairos”密切相关。比如说一直很外向的人到了不得不挖掘内向生活意义的时候,或者一直专心学习对于女性交往毫无兴趣的人突然遇到了倾心的异性,如果忽视了这种“kairos”的重要性,在自己自性实现的道路上就会误入歧途。但一门心思地只专注于“kairos”,而忘记了“chronos”,也蕴含着生存必需的人格面具遭到破坏的危险。上下班的时间、面试时间、剧场的开演时间、和恋人约会的时间,这些都是我们作为一个在社会上生存的普通人必须遵守的规则。当然也有

---

1 保罗·蒂里希:Paul Tilich, 1886—1965,著名德裔美籍神学家、哲学家。

2 kairos,源自古希腊语,意为至高无上的时间。

3 chronos,源自古希腊语,意为时间。

目光只盯着表面的“chronos”,对不期而遇的“kairos”完全无感的人。现实当中,与恋人约会、有幸遇到令人惊叹的艺术品等等正是有可能成为“kairos”的重要时刻,却不得不遵循着无味的“chronos”的规矩,这可能是我们这个时代的悲剧吧。最能说明问题的例子就是相扑力士的对峙时间限制吧。本来,角力的精髓不就是建立于“kairos”的对峙吗?所以,原来比赛时对力士的对峙完全没有时间限制,到了现代,体育运动的时间表需要遵守的外界限制因素越来越多,反倒丢弃了本质的要素。体育运动被“chronos”支配了,但事情按照“kairos”运行才是仪式的本质。很容易能联想到,自古以来,力士的角力比赛就具有作为宗教仪式而存在的意义(奥林匹亚的仪式也同样变容为现代体育)。可以说,正是为了打破在仪式和体育、“kairos”和“chronos”之间进退维谷的窘迫状态,人们才找到了时间限制的妥协方案。因此,在相扑角力中的某些地方还遗留着一些过往的宗教性,横纲既有作为宗教仪式最高祭司的意义,现实中又代表着最强大的运动员。在崇拜者以及力士本人心中,这两者的形象交织在一起,横纲本人也会演绎出自己的人生悲剧。

在自性实现的重要“时刻”,我们往往会遇到一些不可思议的现象。一股脑地把这些现象都归结为“偶然”,这“偶然”的意义又过于深刻。比如说,一直对绘画没有任何兴趣的人,梦到跟朋友一起去画展。就这个梦跟分析师一起谈到为了发展自己的感觉机能,去看看画展可能也蛮有意义的。回到家，就接到梦中那个朋友的电话，约他一起去看画展。这就是平常人们说的梦的预言，我们在讲到预知梦的时候也举过例子。还有第一章的例子中，修洗衣机，洗衣机修好的日子刚好孩子的尿床症也治愈了。荣格非常重视这种“有意义的偶然一致”（meaningful coincidence），认为这是不同于因果律的规律，作为非因果性的一种准则，称其为“共时性原理”(21)。也就是说，所有的自然现象中，有能够用因果律解释的现象，也存在着用因果律无法解释但有意义的事情同时发生的现象。为了能够把握后者的性质，荣格提出了共时性的概念。可以说，从事心理治疗工作的人，职业就对应着人类的心理现象，会比其他行业的人更多地遇到共时现象，特别是在心理治疗迎来转机的时候比较常见。有过这么强烈的体验，连当事人本人都会发出感慨：“就这么样偶然加上偶然，再也不能说是单纯的偶然了吧！”这可以说是一种对共时性感受的形象表达。但如果再多迈出一步，企图用因果关系来说明共时现象，马上就会陷入伪科学（魔术）的泥淖。他因为梦到死去，所以死了；我因为请人祈祷了，所以病好了等等，就属于这一类吧。迈耶把共时性的概念又推进一步，认为解决当代多发的身心障碍，共时性的思想可以成为一个突破点(22)。也就是说，摒弃“因为心理有问题，所以身体受到伤害”，或者“因为身体出故障了，所以心理状态越来越差”这样的因果式的思维方式，在这个前提下去努力解决精神身体医学（psychosomatic medicine)的现象(当然,其中有一些现象也是可以用因果律解释的)。

我们按照共时性的原理来看待问题时,不是去思考“什么是什么的原因”,而是专注于“什么和什么同时发生了,它们是通过什么样的意义联系在一起的”。后一种思维方式,中国人特别擅长。《易经》,就充满了这种类型的知识。不把事象按照因果关系排列进时间序列,而是抓住事象整体,努力从中发现反映全局的“象”。有人认为,中国自古以来文明非常发达却没有带来现代自然科学的繁荣,原因就在这里,中国人(东方人)的思维缺乏逻辑性。但笔者不赞同这一点,我认为中国人(东方人)的思维具有充分的逻辑性。自然科学在西方而不是在中国发达起来的原因不在于逻辑性,而是看待事象万物时态度的根本不同。把“象”作为“象”来把握,非常困难。所以很容易流于用因果关系去说明有关“象”的知识,这样瞬间就陷于迷信的范畴,更加阻碍自然科学的发展。在西方,自然科学得到了充分的发展,但把非常“丰富”的“象”的一面深深压抑下去,使得自我失去了与存在于心灵深处的自性的接触,将自己置于危险的境地。在西方,近年不得不花大力气去解决“人际关系淡薄”的问题,原因也就在这儿吧。

共时性的概念与自性的问题关联密切,我们在这里简单地做了一些说明。这个概念对科学方法论的发展具有重要的意义[23],有兴趣的话可以参照荣格的原著。

参考文献：

（1）Jung, C. G., & Wilhelm, *The Secret of the Golden Flower*. Routledge & Kegan Paul, 1931.

（2）Jung, C. G., *On the Psychology and Pathology of So-called Occult Phenomena*. C. W. 1, pp. 33 - 88.

（3）Jung, C. G., & Wilhelm, 同(1)。

（4）Jung, C. G., *Two Essays on Analytical Psychology*. C. W. 7, pp. 175 - 176.

（5）Jung, C. G., *Concerning Rebirth*. C. W. 9, I, p. 142.

（6）Jung, C. G., *Fundamental Questions of Psychotherapy*. C. W. 16, I, p. 123.

（7）Jung, C. G., & Wilhelm,同(1),p. 92。

（8）Jung, C. G., *Psychology of Transference*. C. W. 16, p. 234.

（9）在意象和象征的世界里捕捉自性以及自性实现的过程,可以说是荣格一生的使命。本书几乎没能就此做出叙述。下边这些著作都非常重要,有兴趣的话可以参照阅读。

Jung, C. G., *Psychology and Alchemy*. C. W. 12.

Jung, C. G., *Aion*：*Contribution to the Symbolism of the Self*. C. W. 9, Ⅱ.

Jung, C. G., *Mysterium Coniunctionis*. C. W. 14.

第一篇著作中阐明了中世纪炼金术的过程里如何投射了自性实现,第二篇探究基督形象作为自性的象征意义,第三篇著作注重于研究自性以对立事物合一而成来表达的特征。

（10）Jung, C. G., *The Phenomenology of the Spirit in Fairytales*. C. W. 9. I, pp. 207 - 354.

（11）von Franz, M-L., *The Process of Individuation*,这是荣格晚年编辑的解说集"*Man and His Symbols*"(Aldus Books, 1964)中收录的故事(p. 218)。这本书笔者也最近才拿到手,未能在本书中多加引用,非常遗憾。这本书可以说是荣格留下的唯一的通俗解说,非常容易读懂，因此推荐给有兴趣的非专业的读者。

(12) 栂尾祥雲「曼荼羅乃研究」高野大学出版部、一九三二年。

(13) 栂尾祥雲、一—二頁。

(14) Jung, C. G., *Mandalas*. C. W. 9, p. 388.

(15) 登载有儿童画的曼荼罗的例子参见：Jung, C. G., *Man and His Symbols*. p. 165.

(16) 曼荼罗的例子参见：Jung, C. G., *The Archetypes and the Collective Unconscious*. C. W. 9, I.

(17) Jung, C. G., *Psychological Types*. Routledge & Kegan Paul, 1921, pp. 424 - 425.

(18) Jung, C. G., *The Stages of Life*. pp. 387 - 403.

(19) 同上，p. 400。

(20) 这里借用了保罗·蒂里希的名词，实际上，我们这里用到的意思与原义还是略有差异。

(21) Jung, C. G., *Synchronicity: An Acausal Connecting Principle*, C. W. 8, pp. 417 - 519.

(22) Meier, C. A., Psychosomatic Medicine from the Jungian Point of View. *J. Analytical Psychol.*, 8, 1963.

(23) 发表共时性原理时，荣格是与著名物理学家泡利(Pauli)以论文的形式联名出版的。这个事实本身意义非凡。

Jung, C. G., & Pauli, *Naturerklärung und Psyche*. Rascher, 1952. (英译：*The Interpretation of Nature and the Psych*. Pantheon Books, 1955.)这里，荣格和泡利阐明：因果律之外，还需要纳入共时性原理作为说明自然物和心理现象的共同原理。

阅读推荐

河合俊雄

下边以荣格的著作为中心列出了相关的书目。本书的读者，如果希望更进一步了解荣格心理学，可做参考。

1. 荣格著《自我与无意识的关系》(*Die Beziehungen zwischen dem Ich und dem Unbewußten*)

收入荣格全集第7卷。荣格的直觉性很强，经常让人摸不着头脑。全集中能够收录这样一本系统性的著作，非常难得。本书的作者也曾多次提到，《自我与无意识的关系》是写成这本《荣格心理学入门》的基础。如果说只限于一本荣格著作的话，我想推荐的就是这本。

乍看，好像是在描述从个人无意识到集体无意识、从人格面具到阿尼玛(阿尼姆斯)，然后深入到自性分析等，按照自性实现的过程在推进讲述。但继续读下去，就会感到书中时常在提示两种可能性，在陷入左右不是、进退维谷的困境时，一章结束，开始进入下一章。所以说，这并不是一本教你如何前进的书，而是促成人们自主地面对自己的人生课题的书,具有极端重要的心理治疗作用。

2. 荣格著、亚菲(Aniele Jaffe)编《荣格自传——回忆·梦·思考》(「ユング自伝——思い出·夢·思想」)

初衷是准备出一本传记的,但因为出版的营销策略演变成了自传的形式。亚菲和出版社的编辑方式、审查、翻译成英文的过程,以及在英文的基础上又翻译成日文,使得本书被指出存在各种各样的问题和缺点。但就了解荣格自身的体验来说,它仍旧是到目前为止最优秀的书。幼年时期的梦和展望、学童时代拒绝上学的经历、中年时代类似精神病的危机,以及晚年时心肌梗死的濒死体验,读后,可了解到这些体验如何与荣格心理学形成不可割裂的关系。

另外,在荣格陷入精神危机时写的未公开的《红书》也将出版。

3. 荣格著《分析心理学》(Über Grundlagen der Analytischen Psychologie)

以荣格在塔维斯托克(Tavistock)的讲座讲义为基础成

书，可以说是荣格自己写的荣格心理学入门书。书中详细地讲到了词语联想测验，后半部分有关心理治疗的论述也很详细。在这里我们能发现荣格曾很重视身体的要素。这本书基本采用讲座的口语方式，易懂，而且是荣格自身的语言，意蕴深长，有说服力。

4. 河合隼雄著《情结》(「コンプレックス」)

这是本书出版四年后的著述。可以说《情结》不仅使作者，也使荣格心理学在日本获得了大众的普遍认识，某种意义上它可以说是《荣格心理学入门》的姊妹篇，在以“情结”为切入口的同时，完成了普及荣格心理学入门知识的使命。

5. 安东尼·斯托尔(Anthony Storr)著《荣格文选》(*The Essential Jung*)

荣格代表著作和论文的精选。被批评干扰人们读荣格的原著，功罪两面，但至少是一本很方便的书，可以简明地了解荣格理论的全貌。

6. 荣格著《神秘合体：炼金术中心灵对立面的分解与合成的研究》(Mysterium Coniunctionis：An Inquiry into the Separation and Synthesis of Psychic Opposites in Alchemy)。

此为荣格晚年的代表作,收入荣格全集第十四卷。荣格在其职业生涯后期全身心投入炼金术的研究,试图通过炼金术理解心理治疗的过程,或者反过来尝试用心理学的原理解释炼金术。这本书中,荣格处理炼金术素材的方式正体现了他的心理学特征,主题为分离与融合(合体)。不愧为重量级作品,这本书内容相当难解,而且超出了主要讨论荣格前期思想的本书范围,但为了特别想了解荣格后期思想的读者,特意列出,以供参考。

解说　应反复回归的“古典”

茂木健一郎(脑科学家)

人,究竟是什么? 我们心灵的“本性”到底在哪里? 人类在进化的过程中获得了“意识”,获得了从“外部”注视自己的“超认知”功能的同时,就有了这些疑问。

笛卡儿所说的“我思故我在”确实成为人类精神存在的理由。但这句话就像是打开了潘多拉的盒子一样,人类获取“自省”能力的同时,一切不幸和不安也随之诞生。

“我”究竟是怎样的存在? 令人苦闷又尖锐的问题片刻没有离开过人的大脑。但我们知道,即使这样,答案也不可能简单地出现。古希腊哲学家苏格拉底阐述“无知之知”:幼儿知道自己什么也不知道,所以非常贪婪地吸取各种各样的知识。只有一知半解的大人才会脱离“无知之知”。

表面看上去,现代是经验科学、技术全盛的时代。但事关人的灵魂,我们从中能够得到的实在太少。物质的脑如何产生出“意识”? 这个神秘现象的答案依然缥缈不定。但我们日常生活中心灵被表面日新月异的技术进步充斥,离追究灵魂本性的道路越来越远。

时隔多年，重读河合隼雄先生的《荣格心理学入门》，如旱天甘霖。就像是水渗进完全干燥的毛巾，温暖、厚重的文章内容流入心灵深处。在适应名为“现代”的“怪物”时，我们必须失去什么？我们遗忘了什么？面对这个重大的秘密，感受到心中回归的欢乐。重读《荣格心理学入门》，我得到了字面意义上的治愈。对众多的读者来说，我想也会是这样吧。

人的意识和无意识究竟是什么、梦的意义、象征的力量，关于这些，荣格给我们留下了独创性的研究成果，包括其学说中隐含的“现代人遗忘掉的东西”。作为了解人本性的方法论，河合隼雄先生比任何人都了解荣格体系的“可能性的中心”。名著《荣格心理学入门》，既能够成为探寻荣格这样一位心理学家业绩的契机，也使我们有缘接近同样作为真理探寻者的河合隼雄先生的思想。

开卷，感触就开始传达至心灵，引起内心深层丰富的回响。书一页一页翻过，一贯的文体串起了形形色色的事物，让人回想起与河合隼雄先生接触时感受到的灵魂被温暖地包容着的充实感。

初见河合隼雄先生是在骏合台山上的宾馆。一走进去就看他微笑地站起了。“形象高大”是我的第一印象。

那次，讲到我不久前做的梦。眼前出现穿着红衣服的五岁小女孩儿，醒来，印象特别强烈。根本不知道那女孩到底是谁，现在也觉得很奇妙。河合先生听我说了以后，微微一笑：“哦，很有意思啊。”然后问道：“茂木先生有没有五年前左右开始做的事情？这可能是心中的课题吧。”

一句话惊醒了我。一直以为红色衣服的小女孩代表着哪一位现实中的人物，这么说来，确实，不一定局限于实际存在的人。正像河合隼雄先生指出的那样，“穿着红衣服的五岁小女孩儿”，可能代表着无意识中被自己忽略的什么东西开始浮现到意识层面了。嗯，有这种可能！

“情结扰乱了自我的统合性，因而引起心理或身体机能障碍。我们要熟知情结的构造和现象，特别是情结与自我的关系。从根源上来说，情结是自我难以接受的内容，自我起初意识不到情结的存在是件再自然不过的事情。也就是说自我的抑制机制在起作用。”（第四章情结）

荣格体系中占据重要位置的是“情结”。我的梦中出现的“红衣女孩儿”应该是我无意识中难以察觉的某种东西的表象。这种难以意识化的记忆、感情等等信息处理的动态复杂性，依靠现代的脑科学研究正在渐渐走向明朗。在这个意义上说，荣格心理学的覆盖范围真是可以指向遥远的未来。

印象非常深刻的是，河合先生说道“茂木先生有没有五年前左右开始做的事情”时温和、柔韧的口气。如此博学的人，想要展开缜密的推理、讨论，可以滔滔不绝。但仅仅是一句“哦，很有意思啊”就温和地接受了我的存在，让人不由得想把心底最深处的秘密都讲出来。

河合隼雄先生去美国留学以后，又到了瑞士的荣格研究所继续学习。然后成为第一位取得荣格派分析师资格的日本人。继而成为日本心理咨询、箱庭疗法等心理疗法的开拓者、领头人。特别在箱庭疗法领域，河合先生在方法论的深化、技法的有效改良以及持久的普及工作方面，功绩卓绝。

亲身接触到的河合先生，应该说是一位“倾听”的高人。本来见面是准备一次对谈的，但不知什么时候变成了我在谈自己的事情了。在河合先生充满睿智的温暖应对中，不知不觉地满心有一种要把自己交给他的意愿。

好像是一次去他的咨询所拜访的时候吧，听到很稀罕的事情。河合先生乘出租车，好几次都是出租车司机跟他说着说着，就开始讲起自己的身世呀、现在的境遇呀，沉浸在对话中稀里糊涂地把车开到完全不相干的地方去了。司机们总是以“我呀，开出租车之前，这样那样有过不少经历呀”打开话匣子。

当然，司机并不知道河合隼雄其人，但在他的“啊，是吗?”之类的回应中，说话的方式、语句的间隔节奏、声音的温度等因素酝酿出的气氛，大概让出租车司机慢慢沉浸到一种想吐露一下自己人生秘密的心情当中吧。河合先生坐在出租车的后座，时不时地附和两句，就开始了一场心理咨询。倾听，能做到这一步，简直达到了艺术的境界。

这样的河合隼雄，在深刻理解了荣格世界观的基础上写下来的语句，可以说到处闪耀着珠宝一样睿智的光辉。在“梦的分析”一章中讲到六岁的小男孩儿的事例，因为一直跟妈妈谈论“死”，妈妈无所适从来咨询。男孩儿说到“爸爸妈妈到最后也不得不死”，悲伤得痛哭，妈妈也只能一边听着一边跟着孩子一起哭，一边哭一边对话。终于，有一天孩子想通了，眼里闪光地跑来跟妈妈说：“我死了以后，再钻回妈妈肚子里，让妈妈把我重生一遍就好了。”就这样，孩子再也不提死的话题了。

河合隼雄先生吐露，听了孩子妈妈说明情况后，他的内心涌起一阵抑制不住的强烈感动。面对死亡这样重大的课题，六岁小男孩的内心产生了对任何宗教来说都非常重要的“重生”主题，整个内心世界再次恢复到稳定的状态。这就是荣格非常重视的“神圣体验”,即超越了合理表现范围的体验。河合先生把自身的学问活用在心理咨询现场,陪同着男孩走完灵魂的历程。一边读文章,一边感受到这样的河合隼雄先生,不由得让人由衷地信任他的睿智和心地。

河合先生从数学转身投入心理学以来,整个一生竭尽全力理解人类,诉诸人类根本性的重生力量,这样的人生带着浓厚的色彩投射到对荣格心理学的实践当中。

心理类型、情结、集体无意识等荣格心理学的重要概念,在理解了人内心深处的动态活动的基础上,成为强有力的手段。从“荣格”到“河合隼雄”继承下来的“灵魂的接力”,生活在现代的我们,有责任继续下去。

当然也有困难的一面。经验主义科学,从它的实际态度出发,距离人的心灵本性越来越远。荣格式对问题的认识方法与细分对象、调查性质的现代科学无法直接连接,这也是无法回避的问题。那么,我们该怎么思考这个问题呢?

一次在京都的心理咨询所听到河合隼雄先生的话,令我难以忘却。以临床心理学的观点来看，当事人主动愈合、以积极态度生活，比什么都重要。箱庭疗法中使用部件的标准化、砂子的深度、时长的规定等等，对于标榜“可再现性”“普遍性”的经验科学来说都是必要的，但走过头了，就与心灵的有机体系、活生生的现场产生了乖离。

河合隼雄先生一生面对的是“心灵的真实”，很难与现代科学和技术直接联系起来，但，路总归是有的。这个课题对于我们来说可能过于艰巨。内心藏着各种各样的想法读这本《荣格心理学入门》时，我坚信，这是一本我们需要反复回归的古典。

出版后记

河合俊雄(刘曦坤　译)

我的父亲河合隼雄,是第一个将荣格心理学正式介绍到日本的人,这套合集是他有关"心理治疗"的代表作品,此次为了一般读者的携带方便,以小型平装本的形式出版发行。2006年8月父亲突然病倒,就这样昏迷不醒近一年,直到2007年7月故去,至少在意识上,他并没有做好死的准备。因而以他生前的工作方式,很遗憾,他几乎没有留下什么遗稿。他所留下的工作已经无法进行整理出版,于是现在这个合集的出版就含有了追悼的意味。

这套合集,从他的第一部作品《荣格心理学入门》开始,到晚年所著的《心理治疗入门》为止,读者从中可以追寻到河合隼雄有关心理治疗的思考变迁的轨迹。《荣格心理学入门》一书,主要是介绍他在欧洲学习到的心理治疗理论与方法,同样是初期作品的《心理咨询实务》则更多记载了他自己的体验,以及他身体力行的心理治疗的案例,因而更为本真生动。而作者自成一体的对心理治疗的理解和实施方法,在他六十三岁从京都大学退休时所著的《心理治疗之路》中呈现出更多的自知和觉悟，这在他初期的作品中虽然已有端倪，但无疑后期更为鲜活。

所谓心理治疗，不论治疗师如何努力也要根据来访者这个他人的情形而定。父亲河合隼雄所提倡的心理治疗理论，经常是在与其他的学术进行不断的对话，与各种语境或背景的不同流派互相对照中展开，这也是荣格心理学派的特征。这些思考反映在《生与死的接点》中关于文化人类学和宗教学的见解，在《荣格心理学和佛教》中则是汲取了来自佛教的智慧。虽然他的心理治疗观很多时候与(自然科学式的)“科学性”不无分歧，但他从未停止对科学性的思考。他最后的著述《心理治疗入门》，涉及了意象、身体性、团体、叙事等各种与其他流派相关联的心理治疗，是收集《心理治疗讲座》这套八卷本丛书的卷首概要整理而成的，将未形成体系化的心理治疗以各种语境紧紧抓住，他的这种学术态度可以说是贯穿始终。

有关心理治疗著述的编辑工作，现在已经以小型平装本的形式出版，虽然没有任何一本有编辑上的难度，但仍旧不能保证网罗了他的全部作品。只是一般读者可以通过阅读这套合集，了解到河合隼雄对于心理治疗的思考方式的精髓。

关于著作版权的许可，非常感谢培风馆和诚信书房的理解。本套合集中，《荣格心理学入门》和《心理咨询实务》(之前诚信书房以《心理咨询的实际问题》为书名出版)由于对某些章节做了选录，对于希望了解更专业内容的读者，我强烈推荐培风馆和诚信书房出版的完整版本。同时，衷心感谢在百忙中痛快答应为各卷撰写解说的老师们，还有从策划到各种审核都多有关照的岩波书店的中西泽子女士。

2009年3月31日